外国园林史纲要

汪菊渊 著

中国建筑工业出版社

图书在版编目（CIP）数据

外国园林史纲要/汪菊渊著. -- 北京：中国建筑工业出版社，2023.11
ISBN 978-7-112-29151-9

Ⅰ.①外… Ⅱ.①汪… Ⅲ.①园林建筑－建筑史-国外 Ⅳ.①TU-098.4

中国版本图书馆CIP数据核字（2023）第175770号

责任编辑：杜 洁
责任校对：张 颖
校对整理：赵 菲

外国园林史纲要
汪菊渊 著
*
中国建筑工业出版社出版、发行（北京海淀三里河路9号）
各地新华书店、建筑书店经销
北京富诚彩色印刷有限公司印刷
*
开本：787毫米×1092毫米 1/16 印张：$9^3/_4$ 字数：159千字
2023年10月第一版 2023年10月第一次印刷
定价：48.00元
ISBN 978-7-112-29151-9
（40691）

言简意深的《外国园林史纲要》

新中国成立之初，面对国家百废待兴的局面，梁思成先生致力于创办拥有建筑设计、城市规划与设计、园林和工艺美术设计结合的综合性建筑专业，在此背景下，汪菊渊先生与吴良镛先生于1951年共同商议并创办了由北京农业大学园艺系与清华大学营建系联合试办的造园专业，这也标志着中国风景园林学科的建立。那时，汪菊渊先生担任造园教研组组长和教授，他对园林专业的教学计划、课程设置、教学大纲、师资及招生等做出了全面筹划。1956年高等教育部将造园专业改名为城市及居民区绿化专业，转入北京林学院（现北京林业大学），汪先生任教授兼系副主任，并修订了人才培养方案。汪先生非常重视园林历史的教学，他认为中国园林要屹立于世界之林，必须重视历史，挖掘历史；要发展园林学科，必须扎扎实实研究园林的渊源及发展规律。他承担了中外园林史课程的教学，为满足教学需要，编写了《中国古代园林史纲要》和《外国园林史纲要》两本讲义。

20世纪80年代，汪菊渊先生主编了《中国大百科全书》第三版（建筑·园林·城市规划卷）中的园林卷部分，在词条“园林学”中，他提出“园林学的研究内容是随着社会生活和科学技术的发展而不断扩大的，目前包括传统园林学，城市绿化和大地景物规划3个层次”，这一研究框架指引了后来中国风景园林学科的建设方向。汪先生认为园林史是传统园林学中的主要研究部分，内容包括“研究世界上各个国家和地区的园林发展历史、考察园林内容和形式的演变，总结造园实践经验，探讨园林理论遗产，从中汲取营养，作为创作的借鉴”。20世纪50年代编写的《中国古代园林史纲要》和《外国园林史纲要》两本讲义就反映了汪先生对园林史研究的要求。这两本讲义是中国系统全面地编写园林史教材最早的范本，但由于时间久远，这两本讲义已所存不多，显得异常珍贵，所以中国建筑工业出版社决定出版这两本讲义，为大家学习园林史提供更丰富的史料，也让大家更深入地了解汪先生的治学精神与研究成果，以及中国风景园林专业教育发展的历程。

这本《外国园林史纲要》按地域和时间介绍了日本、意大利、法国、英国、俄罗斯的古代园林。可惜由于编写时间久远，汪先生当年所写的古代埃及巴比伦、亚述、波斯的庭园和古代希腊的绿化部分散失，非常遗憾地未能收录在书中。与2006年出版的汪先生百万余字的《中国古代园林史》（上下卷）不同，《外国园林史纲要》并不是鸿篇巨著，但外国园林史中最主要的部分都有论述，且言简意赅、层次分明。由于汪先生还曾讲授城市及居民区绿化课程，所以书的内容不仅仅局限于历史园林，也包括19–20世纪欧美国家城市绿化的内容，这就是汪先生所说的园林学研究的第二个层次——城市绿化，从而拓展了园林史研究的领域。

在书中，汪先生是在社会发展和自然环境影响的大背景下论述每一时期园林的发展的，而不是孤立地看待园林的风格和形式，这让读者能更深入地理解各个时期不同地域园林的产生、发展、变革的轨迹，造园成就及影响。

今天读汪先生60年前写成的讲义的感受是历久弥新，并有许多新意和独特的观点。如在“中世纪欧洲的庭院”部分，汪先生仅用600字就清晰地阐述了欧洲城堡园林的布局和各类花园的关系及位置：“葡萄园等果园和农田设置于堡外，城堡内布置药圃、蔬菜园、香料植物园、游戏及军事训练环境……”，让读者直观地了解城堡环境的结构和花园的状况。

意大利文艺复兴园林、法国园林和英国园林是外国园林史书的重点内容，汪先生对这三部分论述也有较大的篇幅，每一部分都有准确洗练的小结，如文艺复兴初期的庄园，汪先生说：“当时的庄园大抵依着地势辟有台地，各层台地的连接是直接由于地势的层次自然而然地连接，并不像以后那样有中轴线把它们贯穿起来……园地部分的处理相当简洁……园景的布局上主要着眼于不损碍可资眺望的视景，而得景于院外”，汪先生用短短一个自然段的文字就展现了文艺复兴初期园林的特点以及它与文艺复兴中后期园林的主要区别。

讲到法国园林对意大利的借鉴时，汪先生认为：“一个民族如能接受其他民族所产生的艺术形式，是因为这一形式能够反映他自己民族的生活和现实的缘故”，但是与意大利园林相比，法国园林有两个突出的特点，即“森林式的栽植”和“运河式或湖泊式的理水型式”。从这些论述中可以看出，汪先生认为任何园林产生的原因和表现的风格都不是孤立的，园林文化之间会有相互影响，但是每座园林都应有自己鲜明的个性，因为园林都扎根于各自的地理环境、自然条件和历史文化之中。勒诺特的园林之所以有辉煌的成就，在于勒诺特“在继承自己祖国优秀传统的基础上，批判地吸收了外国园林艺术（意大利文艺复兴式）的优秀成就，结合不同的风土条件，而创作了符合时代任务的新形式。”而当时欧洲大陆大量模仿勒诺特的园林都不成功的原因就在于它们仅仅是模仿勒诺特园林的表面形式，而失去了与当地自然环境与文化的融合。

在“18世纪英格兰风景园”一章中，汪先生非常敏锐、准确和客观地提出了英国风景园产生的原因，认为出于农业生产成本和毛织业的发展，英国“地主们就朝着变农园为牧地的有利方向前进。有着优美的放牧草地和一群群绵羊的牧地风光，影响了英国的农业和风景”，然后提及了17世纪英国贵族阶层到欧洲大陆的大旅行，再提出“木材的需求、农业生产上的革命，地区风景面貌的改观，艺术思潮的转变，对自然美的颂赞和风景画的启发，所有这些为英格兰风景园的产生铺平了道路”。

汪先生在“19世纪英国的花园”部分中还提到了罗宾逊（William Robinson）的园林，认为与几何式园林不同，罗宾逊的园林以自然为师，应用当地本土植物，不修剪，任其自由生长；与风景园不同，罗宾逊的园林以花卉为主题，并发展出了用不同的植物群落设计的特殊类型的花园，如岩石园、高山植物园、水景园、沼泽园、蔷薇园、杜鹃园等，这些都远远超出了当时，甚至是后来的一些西方园林史书籍所涉及的内容。

西方园林史的内容尽管丰富，如果读者没有一定的地理、历史、文学、艺术的知识储备，又没有亲身去过书中的园林，读起来往往会感到吃力。汪先生这本书结构清晰，层次分明，文字非常朴实易懂，又具有很强的实景感，我想，尽管当年上西方园林史的学生们肯定没有机会去国外实地考察，但听汪先生讲课是非常容易进入状态的，学生们读这本讲义也是非常幸福的。这也从另一个侧面让我们体会到，在那个没有互联网、缺少资料，特别是缺少图片信息的年代，汪先生能写出这本讲义背后所付出的心血。

相较于汪先生写《外国园林史纲要》的那个年代，今天的中国园林已经取得了世人瞩目的成就，我们还需要研究外国园林史吗？在不同的历史时期，人类在不同地区建造的各种园林，都反映了当时人们的哲学、文化和生活方式，记载着那个时代人类的科学技术、艺术成就和造园工艺。学习园林史，包括外国园林史，我们可以总结出人类以往的经验和理论，针对今天的现实，更好地面对可能的未来，寻求有效的对策和解决问题的途径。就像汪先生曾经所说：“在认真总结和继承中国园林遗产及其优秀传统的同时，还应吸收世界各国园林对我有用、有益的部分，充分运用现代科学和技术成就，创作出具有中国特色的现代公园，在中国园林发展史上展开光辉灿烂的新篇章。”

北京林业大学园林学院教授、《中国园林》主编

2023年5月

目录

第四章　17-18世纪法兰西园林

第五章　18世纪英格兰风景园

第六章　19-20世纪资本主义国家的园林

第七章　俄罗斯的花园公园

后　记

第一章

日本庭园

一

日本古代的苑园

多数史学家不认为日本史上从原始氏族社会到“大化革新”（公元645年开始）的古代社会是奴隶制社会。这是因为日本从原始公社制向私有制发展时受到国内外历史条件的制约，不能发展为奴隶制，另一方面由于中国高度发展的封建制（隋唐文化）从各方面不断刺激着日本社会，终于使日本古代社会越过了奴隶制而走向封建制。

从中国的汉代起，日本就受中国文化影响。中国的《汉书》载：“夫乐浪海中有倭人分为百余国，以岁时来献见云”。这是关于日本列岛的最古的可靠的记载。从日本古坟中（公元4世纪）发现的镜子来看，它或者就是中国后汉到六朝时代的精制品，或者是日本人的仿制品。

从日本人在公元8世纪用文字写出的包括日本太古传说，神话和皇室古系，历代王名和宫殿所在等的《古事记》(完成于公元712年）和《日本书纪》（完成于公元720年）有关于历代皇居中宫苑的鳞爪，可以了解到日本古代苑园的大概。书中提到公元前5世纪－公元4世纪之孝昭天皇建有掖上池心宫，崇神天皇有矶城瑞篱宫，东仁天皇有缠向珠城宫，反正天皇有柴篱宫，武烈天皇有泊濑列城宫等。这些皇宫外绕有濠沟，或土城围绕，有列植的灌木，用植物材料编制的墙篱等。宫苑里有赏乐性的池泉，《日本书纪》卷七“景行天皇”条载：“水宫之池放养鲤鱼”。卷十六“武烈天皇”条载：“穿池起苑，以盛禽兽，而好田猎，走狗试马，出入不时”。这就和中国周代的灵囿一般。卷十五“显宗天皇”条提到仿汉土曲水宴（即曲水流杯觞宴）。

二

奈良时代的庭园

大化革新以后，日本古代律令天皇制国家的形式就具备了。继圣德太子取得大权的中大兄皇子和藤原谦足等学习中国（隋）的制度，建立起以天皇为中心的中央集权国家。从大化革新到奈良时代末期（公元645–780年）（由于都城在平城京即奈良，故称奈良时代）出现了较为发达的文化，史称奈良文化，其最盛期的年号称“天平文化”（“天平”是公元729–780年间圣武天皇的年号）。在日本美术史上通常分为“飞鸟时代”（圣德太子摄政时期，当时都城在大和国的飞鸟地方），“白凤时代”（文武、元明天皇时期即奈良时代初期），“天平时代”（相当中国唐代开元、天宝、至德等年间）。

当飞鸟时代（公元538年）从百济传入佛教，日本文化有了新的发展，建筑、雕刻、绘画、工艺也从中国大陆输入到日本列岛而兴盛起来。在庭园方面，推古天皇时期（公元593–618年），因为受佛教影响，在宫苑的河畔、池畔和寺院境内，布置石造、须弥山，作为庭园主体。从奈良时代到平安时代，日本文化主要是贵族文化，他们憧憬中国的文化，喜作汉诗和汉文，汉代的“三山一池”神仙境也影响及日本的文学和庭园。当时日本人写的汉诗集《怀风藻》载：葛野王游龙门山题诗“命驾游山水……控鹤入蓬瀛”；巨势多益须《春日应诏诗》“岫室开明镜，松殿浮翠烟，幸陪瀛洲趣，谁论上林篇”。但是三山一池这种庭园主题什么时候开始运用到日本庭园中还不明了。从史书上知道奈良时代后期（即天平时代）的圣武天皇爱好自然景物，平城宫内的南苑、西池宫、松林苑、鸟池塘等设施多泉石之美。这个时期受海洋景观的刺激，池中之岛兴起，还有瀑布、细流的创作。庭园建筑也有了发展，如湖畔的“滨台”（又称滨楼）为后代“钓殿”建筑的始原。

三

平安时代庭园和造庭秘传书

恒武天皇在公元794年迁都平安京（日本史上从公元794年到1192年镰仓幕府建立止称平安时代）。平安京居山河地带，山水优美，都城里多天然的池塘、涌泉、丘陵，土质肥沃，树草丰富，岩石质良，对庭园业的发达也有影响。据载恒武天皇时期主要建筑都仿唐制，苑园多利用天然的湖池和起伏地形，恒武有模汉上林苑的“神泉苑”的营造（神泉苑的名称意义同汉的甘泉苑）。神泉苑遗址和当时著称的嵯峨院（大觉寺）大泽池遗迹以及名社泷石组现在尚遗存。

平安时代前期对庭园中石组细流，一木一草的匠心经营，十分重视，而且要求表现自然。这时有所谓“水石庭”，主题是池（海）和岛的日本风格在逐渐形成中。这个时期有日本最古的造庭法秘传书的写作，名叫《前庭秘抄》（一名《作庭记》）分上下两卷。主要内容：上卷先论庭园形态，造庭立石方法，自然缩景的表现。题材主要为海洋、瀑布、溪流自然景观，并就海、池、河、山岛、泷（瀑布）的意匠者论；下卷主要为立石口传，立石禁忌、一树事、一泉事、一杂事等；更有本卷寝殿造，庭园意匠论。平安时代末期，寝殿造的配置，不再左右对称而是不规则地配置。据文献载称在寝殿前有行事礼拜的广庭（南庭）前池，池中有岛，最大的称中岛。寝殿庭前近水有斜向架桥（或为平桥或石桥）；《前庭秘抄》是用汉文体写作，卷中有“宋人云”“经云”等可见受中国艺术思想和园林艺术的影响。

关于三山一池在平安时代的影响，《扶桑略记》一书的第三十所载的一段文字是一个明证：“公家近来，鸟羽地营造，池广南北八町，东西六町，水深八尺有余，沼近九重之渊，或模于苍海作岛，或写于蓬山迭岩”。可见鸟羽殿的苑池规模巨大，比拟苍海，还有蓬山的掇迭，正是神仙境创作的明证。

平安时代后期又有《山水并野形图》一卷。卷头有“东方朔记图云云”，说明这个图卷仍受中国庭园思想的影响，卷末有递传单图到最后的一位净喜计 46 人。这个图卷的文字部分内容，主要论造庭时方法，阴阳判定，吉凶相剋，假山及其构造和流水的配置法，泉石的布置，草木的种植等。该图卷前半部分有插图十二，图示手法以及横斜径处理和禁忌，后部分的文字可看出逐次受《前庭秘抄》中见解的影响。

平安文化与奈良文化比较，前者是较软弱的。平安时代贵族仍和过去一样憧憬着中国的文化，派出遣隋使、遣唐使。直到唐衰，以贸易和学习为名的遣唐使中断后，政治上文化上受中国的影响才渐渐薄弱。在文化方面与“唐样”（即中国式）相对的“和样”（即日本式）渐居支配地位，并发明了假名（平假名、片假名），成为能表白日本语的工具。

四

镰仓时代庭园

12世纪末，镰仓幕府（创始人源赖朝）建立以后，日本社会进入封建时代。进入镰仓时代后，武士文化有了显著的发展，由于武士原为农村出身，文化程度较低，还没有创造独特的封建文化的力量，但它的特点在于和实际生活密切地联系着。例如建筑方面，在寺院建筑上虽然采用宋朝的样式，但武家造住宅时的型式则与过去贵族的华丽样式不同，它是朴素而实用的。这时对庭园的观赏利用也起了变化，特别是对庭林、庭园爱护的态度。到镰仓时代中期佛教信仰也有了改革，在地主和农民间传布着净土真宗，又由宋传入的禅宗受到幕府和“御家人”的欢迎；还以天台宗为基础创立了法华宗。尤其是禅宗的思想对吉野时代及以后的庭园新样式的完成有较大影响。这时的庭园已由从原来象征的型式进展到把大地风景在小块园内缩景式的表现方式正在形成中。

五

吉野室町时代庭园和造庭书

足利尊氏从北朝天皇处获得了征东大将职位，在京都的室町开设幕府。室町时代是日本庭园在意匠方面最具有特色的时代，造庭技术发达，著称的庭园师辈出。镰仓、吉野时代萌芽的新样式有了发展，无论是庭园的配石、栽植部分的意匠都具有特色，《山水并野形图》卷的造园内容大为盛行。吉野时代出了日本庭园史上最著称的梦窗国师，他创作了许多名园，如西芳寺（图 1-1、图 1-2），临川寺，天龙寺（图 1-3、图 1-4）等。据称他创作的庭园特色是广大的水池，池岸线曲折多变。西芳寺的池象心字形，在置石方面中古以来主要为单石，他发展了石组的技法和泷口的构造，又有称做残山剩水的风格（后来发展为枯山水）。

室町时代初期庭园家，有中任和尚受梦窗国师传授，又有普阿弥，受中任和尚熏陶，也筑有名园多处，他还创作了一种新的型式称茶庭（到桃山时代大兴）。日本造庭技术方面古来有很多流派，主要有嵯峨流、四条流。这个时期有《嵯峨流庭古法秘传之书》。书中有山水、吹上岛……等与《前庭秘抄》内容有类似地方，与《山水并野形图》也有类同的部分。

图 1-1　西芳寺平面图

图 1-2　西芳寺之湘南亭

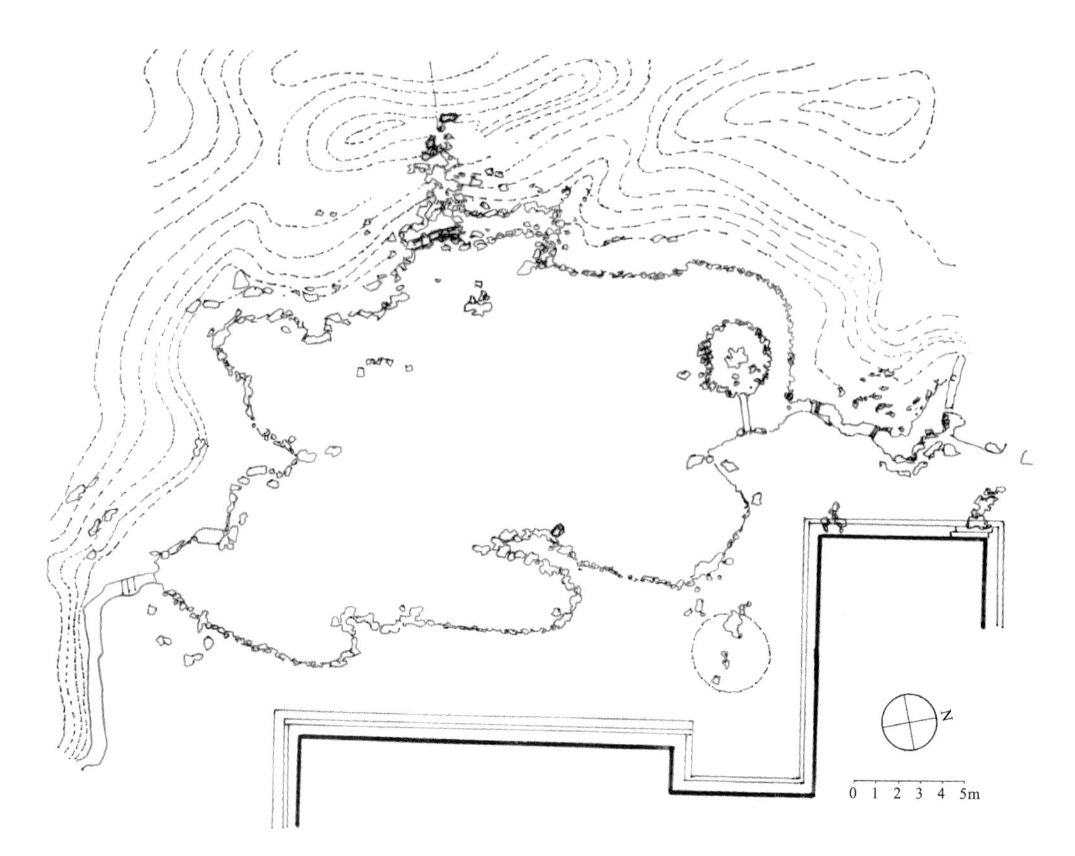

图 1-3　天龙寺平面图

图 1-4　天龙寺曹源池

该书造庭技术参考部分对“地割法”有“庭坪地形取图”（图 1-5），画有方格线。对池、山岛等位置及其比例详确。这个图成为后来山水庭的一个典范图。15 世纪以后出版的造庭书都有参考《嵯峨流庭古法秘传之书》中的“庭坪地形取图”，这个图图示：中为心形水池，池后正面为守护石，前左为客人岛，前右为主人岛，池中心为中岛，池前为礼拜石和平滨。

室町时代名园很多，不少名园还留存到现在。当足利氏由于“天龙寺船”的贸易，财政上也比较富裕时产生了以“金阁”“银阁”等为代表的室町文化。鹿苑寺金阁庭园（图 1-6、图 1-7）和慈照寺银阁庭园（图 1-8、图 1-9）也是足利义满时期建造的日本最佳庭园之一。此外，有所谓枯山水庭园，如龙安寺方丈南庭（图 1-10、图 1-11），用白沙和拳石来表现海洋和波涛。还有大仙院方丈北东庭也是著名实例（图 1-12、图 1-13）。

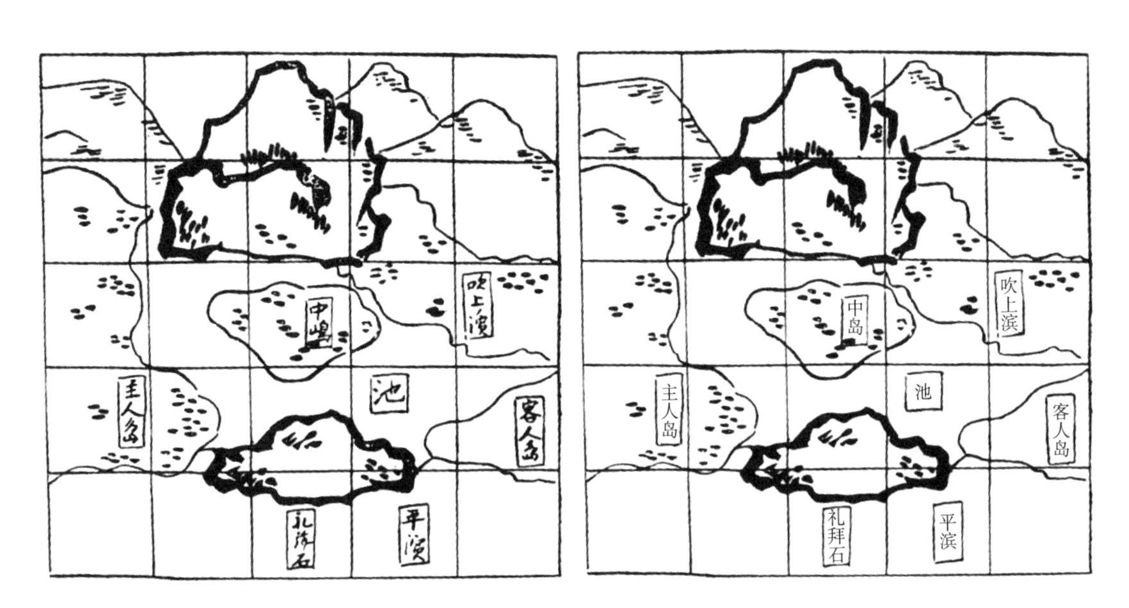

图 1-5　庭坪地形取图
（左图：引自《嵯峨流庭古法秘传之书》内的“庭坪地形取图”；右图：临摹，译自森蕴《庭院》，株式会社东京出版社，1993 年，P49，临摹的《嵯峨流庭古法秘传之书》中的“庭坪地形取图”）

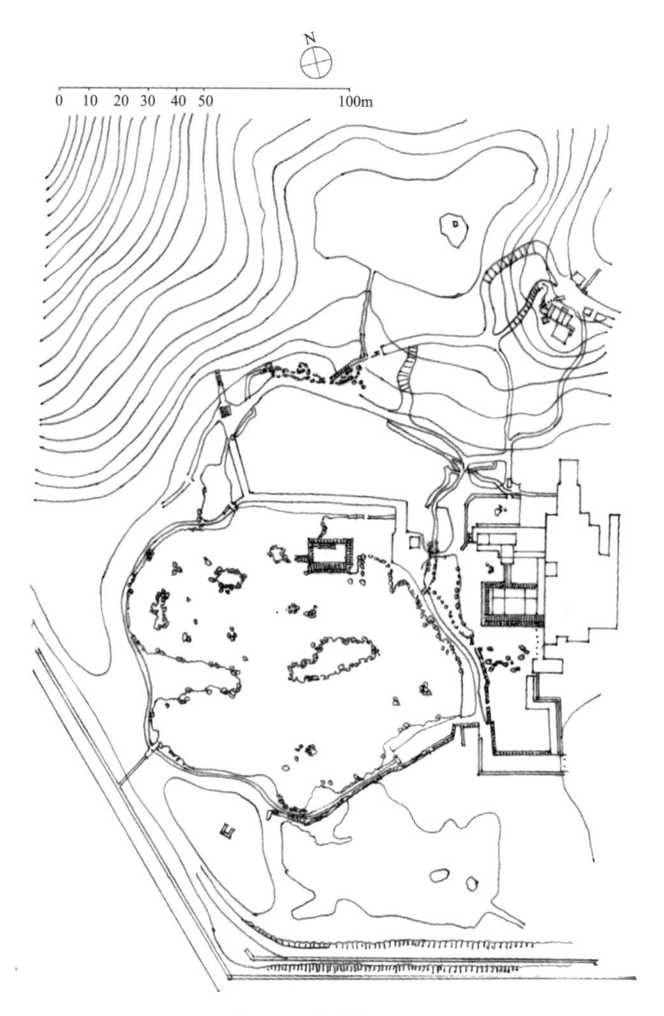

图 1-6　鹿苑寺平面图

图 1-7　金阁庭园

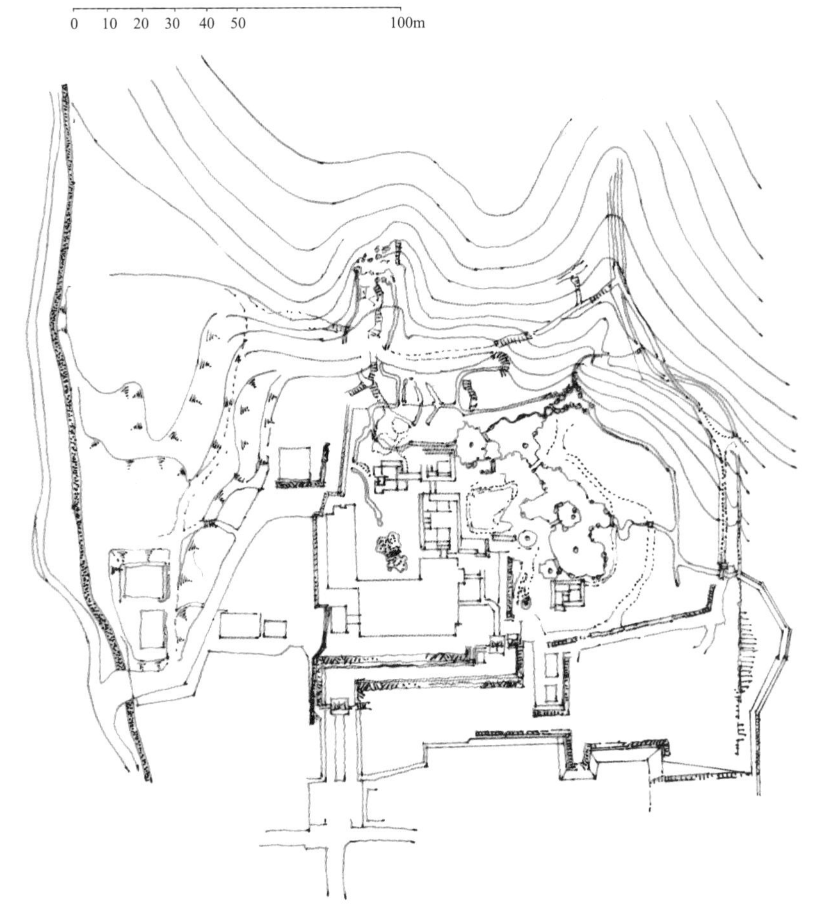

图 1-8　慈照寺平面图

图 1-9　银阁寺向月台

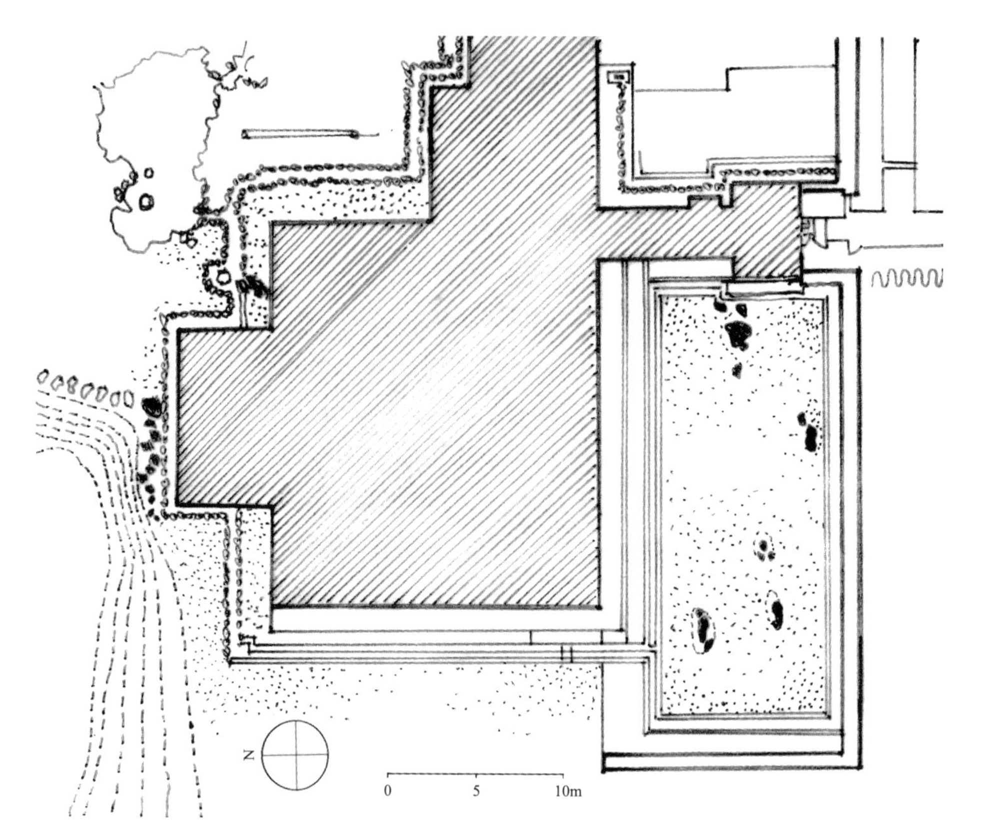

图 1-10　龙安寺方丈南庭平面图

图 1-11　龙安寺方丈南庭枯山水

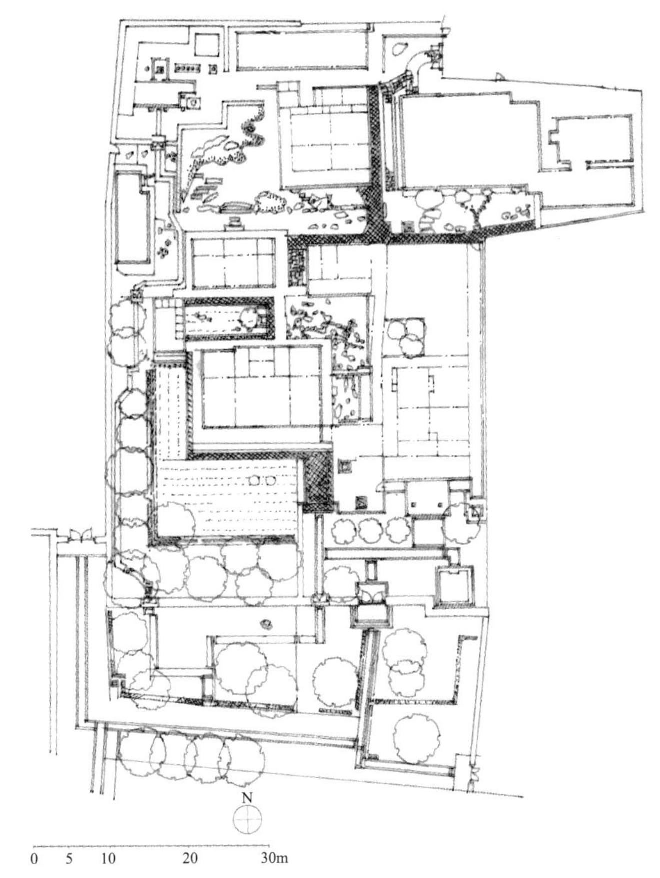

图 1-12　大仙院平面图

图 1-13　大仙院方丈北东庭

桃山江户时代庭园

“应仁之乱”（公元1467年，“应仁”系年号）后，进入群雄割据的史称日本“战国时代”，直到丰臣秀吉统一全国（1583年），再度实现了封建势力的集中统治。大规模土木工事、城部廓筑造、邸馆建筑伴随着庭园的兴建又兴隆起来。当时庭园筑造遗物保存下来的最杰出的有西本愿寺内的飞云阁滴翠园，大书院前面的虎溪庭，以及三宝院的建筑和庭园（图1-14、图1-15）。

前述室町时代后期创立的茶庭形式，到了桃山时代大为勃兴。茶庭是一种自然顺应的庭园，截取自然美景的一个片断表现在茶庭中，可以从行茶道仪式的茶屋来欣赏，助人默思凝想。茶庭中对石灯、水钵的布置，尤其是飞石敷石有了进一步发展。桃山时代和江户时代初期最著称的庭园家有小掘远洲，后来这一流派就称远洲派。

日本庭园到江户时代初期完成了具有自己独特风格的民族形式并且确立起来。当时具体的实例中最著称的代表作是桂离宫庭园（图1-16、图1-17）。庭园的中心是水池，池心有三岛有桥相连，池苑周围主要苑路环回导引到茶庭洼地以及亭轩院屋建筑。全园主要建筑是古书院、中书院、新书院相错落的建筑组合。池岸曲折，桥梁、石灯、蹲配等意匠，庭石和植物材料种类丰富，配合多彩。

修学院离宫庭园（图1-18、图1-19），以能充分利用地形特点，有文人趣味的特征，与桂离宫并称为江户时代初期双璧。其他名园，在意匠上和桂离宫类似的有蓬莱园，小石川后乐园（图1-20、图1-21），纪洲公西园（赤坂离宫），大久保侯的乐寿园（旧芝离宫）滨御殿（图1-22、图1-23）等。

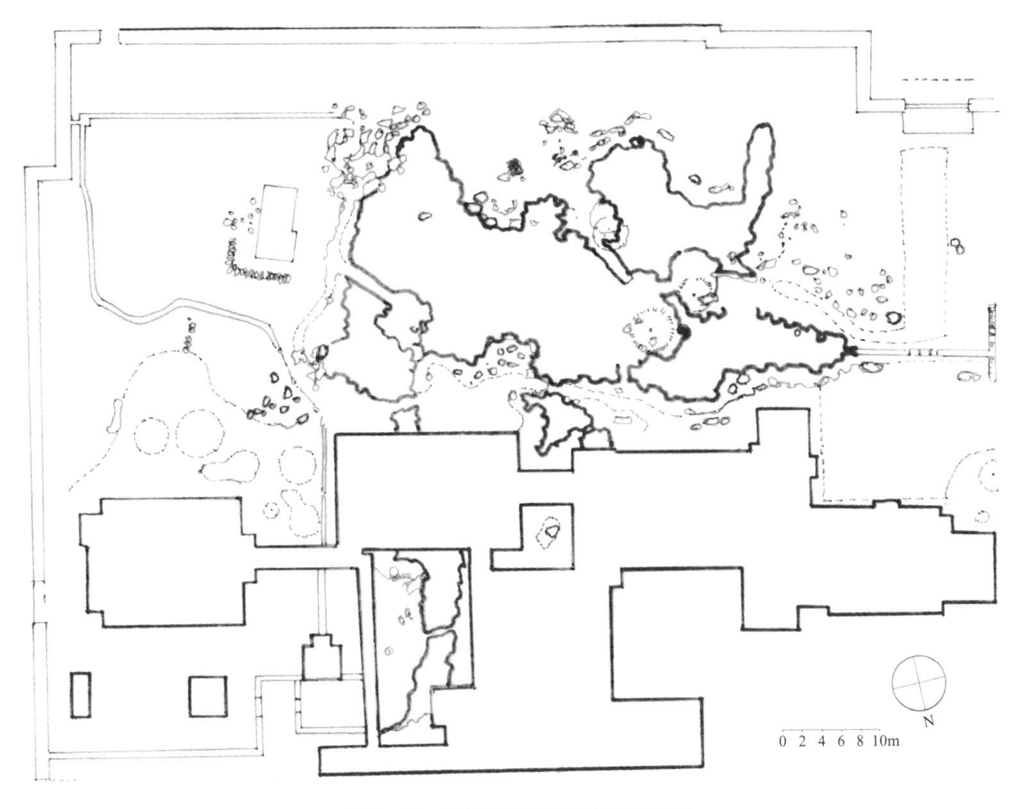

图 1-14　三宝院的建筑和庭园平面图

图 1-15　三宝院的建筑和庭园

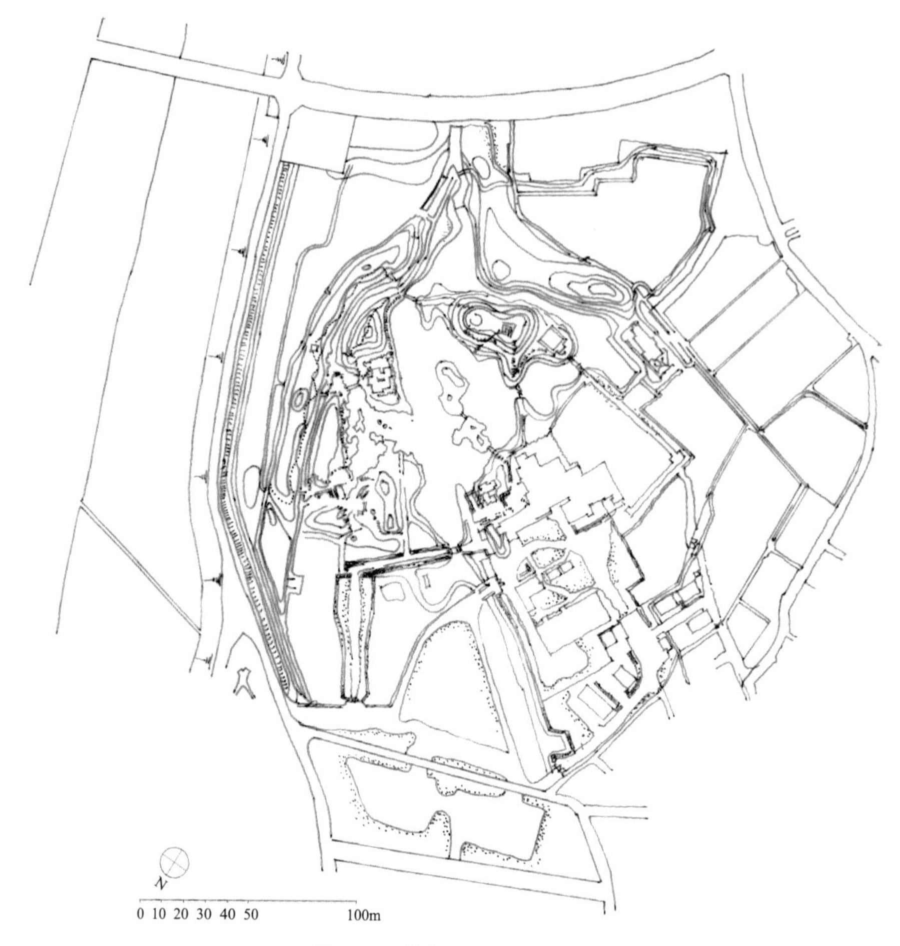

图 1-16　桂离宫庭园平面图

图 1-17　桂离宫庭园

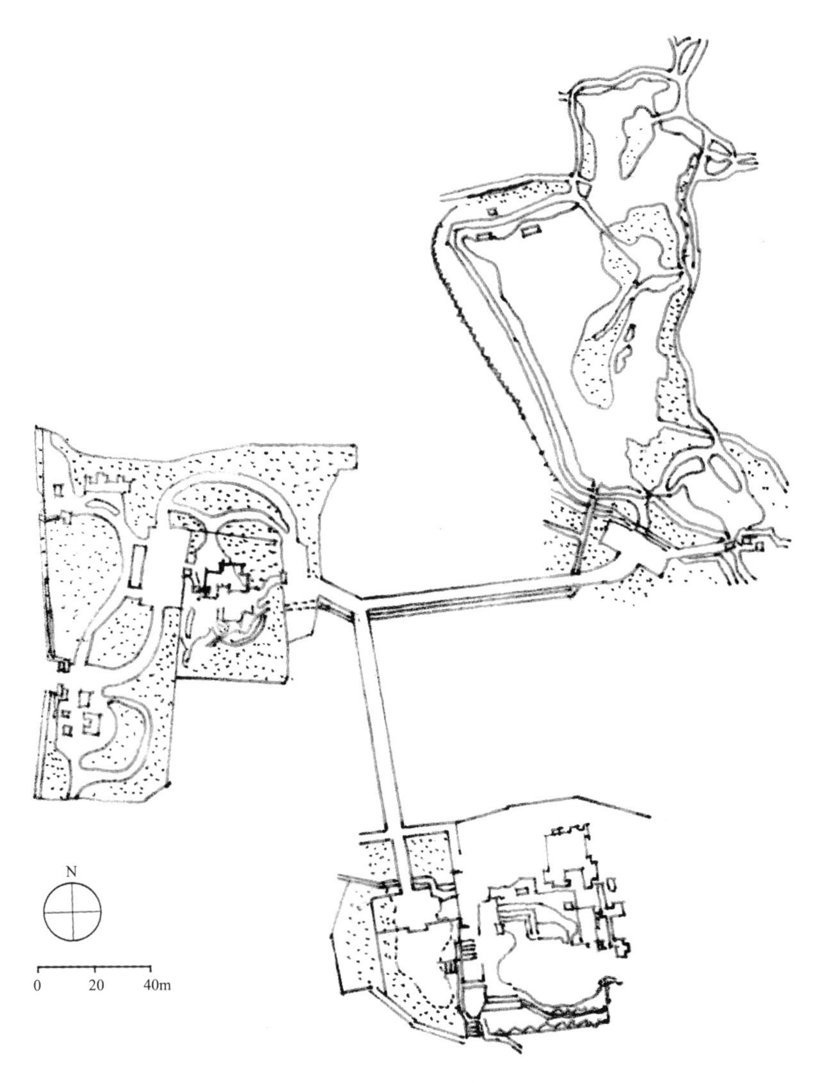

图 1-18　修学院离宫庭园平面图

图 1-19　修学院离宫庭园

图 1-20　小石川后乐园平面图

图 1-21　小石川后乐园之通天桥

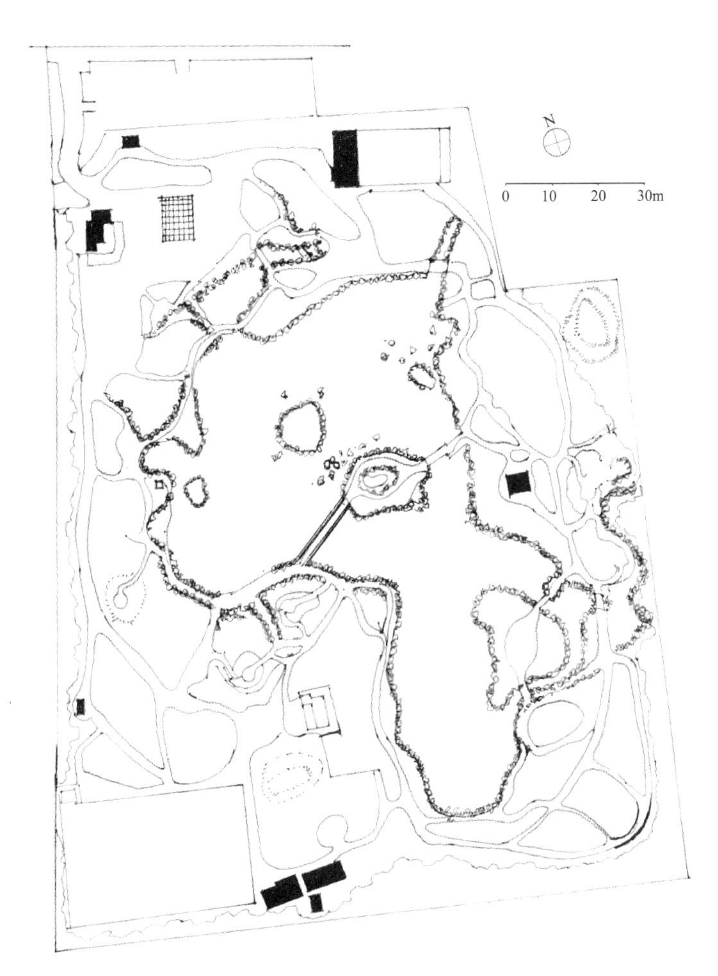

图 1-22　乐寿园滨御殿和庭园平面图

图 1-23　乐寿园滨御殿和庭园鸟瞰图

造庭书，在江户中期，有相阿弥《筑山山水造庭传》前篇，首论山水作法式，认为“凡山水之作，第一地形……庭坪地形之古法……”“第二，建石……草木……”“第三，真行草之格……”。该书最大特色还在论岩石和树木取极法，以树木来说，不仅列举树种及实际掘运技术，而且有移植时的实地经验；取石方面也多是经验之谈，对于石灯笼置样，手水钵、飞石（图 1-24、图 1-25）等也都论及，最后是关于茶庭种植及其筑造法的叙说。

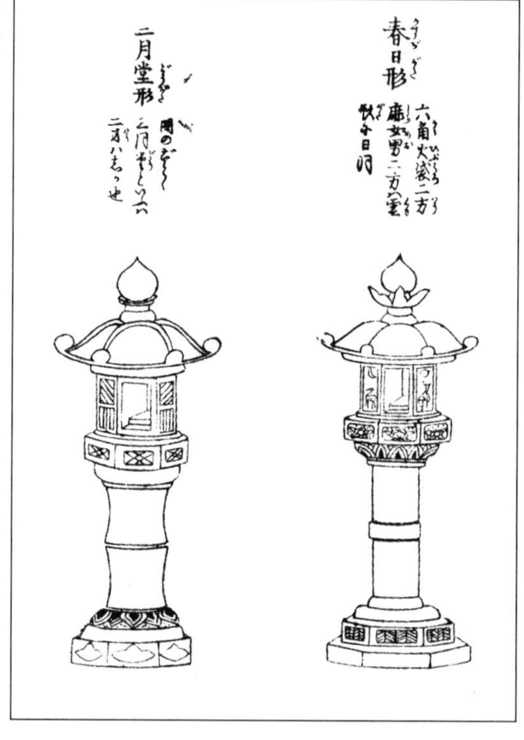

图 1-24　石灯笼

（引自北山援琴《筑山庭造传》后篇中，建筑书院，1918 年，左图：P31“石造神初而石灯笼造给图”、右图：P32“庭建石灯笼之雏形”）

图 1-25　手水钵

（引自北山援琴《筑山庭造传》后篇中，建筑书院，1918 年，左图：P27“台石手水钵置样之全图”、右图：P27“钩手桶手水钵等”）

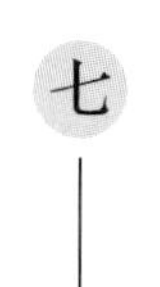

日本庭园风格总说

日本庭园的意匠，总的来说，是再现自然。由于日本国土的影响，尤爱好海洋岛屿海滨景观，瀑布和溪流的再现以及置石的意匠。

日本庭园在古代受中国文化和苑园尤其是唐宋山水园的影响，传入后经过几世纪的发展形成了日本民族所特有的山水庭，十分精致和细巧，表现了日本人民的艺术风格。这种庭园的主题是在小块庭地上表现一幅自然风景的全景图。正如画家把千里山河表现在数尺见方的画布（纸）上，日本庭园也可说是自然风景的缩景园，并富有诗意和哲学意味。日本庭园形式的一般特征是：庭园中心为池，有中岛设池中，池左右又有岛，称主人岛和客人岛，有桥把岛和陆地连接起来。全园构图中心是守护石，背景是假山。有瀑布等各式理水，一湾溪水中置河石表示河流，上流筑有土山栽植盆景式乔木和灌木来模拟林地，各式石组细致地散设在造景的地点，池前有礼拜石，此外还有别致的石灯笼、手水钵等，别具一种风味。

八

日本庭园的主要型式

自公元 8 世纪直到 14 世纪，日本的庭园没有任何实质上的改变，这可从《前庭秘抄》和《山水并野形图》中得到概念，它们是日本现存专论造园最早的书卷。一个大的水池和小瀑布，或一湾溪流，几组布石和别致的树木栽植，构成一个山水庭园，可从屋内欣赏，当时把这种型式叫做寝殿式（宸殿，shinden），书里还把各种题材和局部细节都加以叙说，并规定出如何布置的原则。

15 世纪以来出版的论造园的书都有根据《嵯峨流庭古法秘传之书》的一张庭坪地形取图例，把筑山庭的布置的基本原则示意出来。

全庭的构图中心是守护石，所有堆山布石植树都与守护石要有一定的比例并互相协调。小瀑布（滝围木）早先规定要离守护石较远，但后来的图例上都是较接近的，为了构筑小瀑布就得布置有专为瀑布的小山。守护石的背景是一远山，其右为中山再前为侧山。守护石的左前模拟山的支脉余脉，近池的部分为沙滩，称吹上滨（吹上浜，Fukiagehama）。再前为近山。在池的中央为中岛，池右为主人岛，池左为客人岛，池南近水有礼拜石，然后是宽阔的沙滩称平滨（平浜，Hirahama），池水由池口外泄（图 1-26）。

日本庭园根据庭地的类别分为筑山庭（筑山庭，Tsuki yama-Niwa）（图 1-27）和平庭（坪庭，Hira-Niwa）（图 1-28）两种型式，后来又各有特式的发展。正如名称所示，筑山庭主要包括有山和池，而平庭是在平坦庭地上再现一个各地或原野的风致。起初，这两种型式分别在不同的园里布置，几世纪以前，贵族宅园的正屋南面的主题往往是筑山庭而在别院有平庭。往后因为园的面积有限就只能择其一而筑造。筑山庭要求较大规模，因为它要表现山岭和湖池的开阔的野致，海岸、河流的景致。

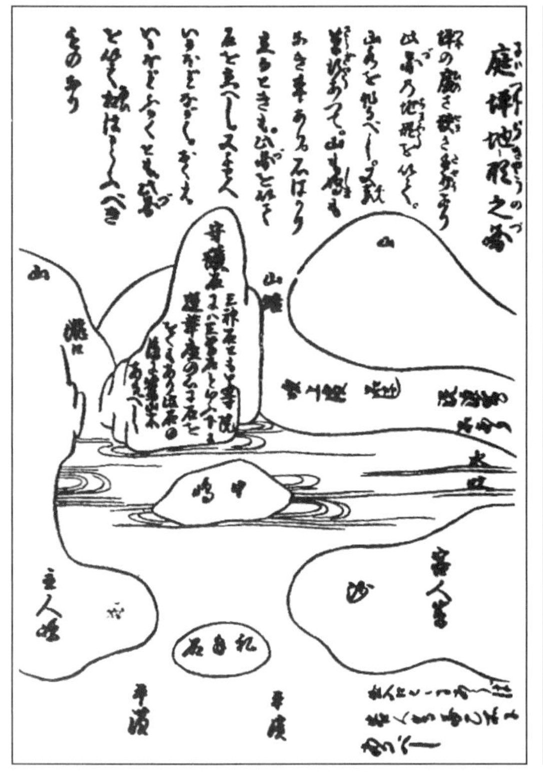

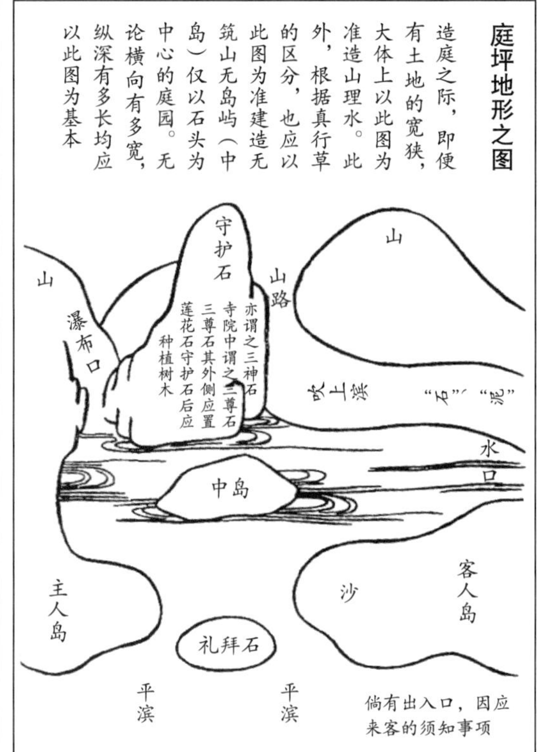

图 1-26　庭坪地形之图
（引自北山援琴《筑山庭造传》前编上，建筑书院，1918 年，P33）

图 1-27　真之筑山庭全图
（引自北山援琴《筑山庭造传》后篇上，建筑书院，1918 年，P8-P9）

图 1-28　真之平庭全图
（引自北山援琴《筑山庭造传》后篇上，建筑书院，1918 年，P20-P21）

除了这两种主要型式外，15 世纪开始有茶庭的出现，平庭也有独特的发展，其中一部分平庭因建有讲习茶道的地方而变为露地（Roji）和茶席（Chaseki，即茶庭）两个变种。

茶庭（图 1-29），只是一小块庭地，单设或与庭园其他部分隔开，四周有竹篱围起来，有庭门和小径通向最主要的建筑，即有茶汤仪式的茶屋。茶庭面积虽小但要表现自然的片断，寸地而有深山野谷幽境的意氛，更要和茶道（Chanoyu）的精神协调，能让人默思沉想，使人一旦进入茶庭好似远离尘世一般。而必须和茶道意识形成一体，所谓“青苔日益增厚但无一粒尘土”这句话得其真味。或者是表现出孤寂的意境如同“淡淡的明月，一小片海从树丛中透过……”这些诗句一样。庭中的植栽主用常绿树，洁净是首要的，庭地和石上都要长有青苔，使茶庭形成“寂静”。忌用花木，为了使客人到茶室里去欣赏瓶花和艺花（插花）。

与日本的书法、绘画、艺花一样，不论筑山庭或平庭都有真（Shin）、行（Gyo）、草（So）三种格式。日本庭园方面的所谓真、行、草的区别主要是精致的程度上不同。从图 1-30、图 1-31 可以看出，“真”要求处理上最严格（最复杂），“行”比较简化，“草”更较简单。

筑山庭大抵有水，采取池和溪或瀑布等形式。但除此之外，另有一种筑山庭叫做枯山庭（枯山水，Kare Sansui）。其布置一如筑山庭，有泻瀑的石，有弯曲的溪和池，然而并不流有真正的水。代替水的是卵石和砂子，将它们布在谷床河床和湖床里拟想为水，甚至有起伏如波涛。由于艺术手段的高超，使人看到时不能不想像是水。一般不仅筑山庭，就是平庭方面也常用一片平沙模拟为水。

图 1-29　定式茶庭全图
（引自北山援琴《筑山庭造传》后篇上，建筑书院，1918 年，P29-P30）

图 1-30　行之筑山庭全图
（引自北山援琴《筑山庭造传》后篇上，建筑书院，1918 年，P13-P14）

图 1-31　草之筑山庭全图
（引自北山援琴《筑山庭造传》后篇上，建筑书院，1918 年，P17-P18）

九

日本庭园的理水

日本庭园中理水的形式主要有瀑布（泷）、溪、泉和湖池。日本人民非常欣赏瀑布的景，每年夏季成千的人到有瀑布的名胜地观光，几乎每个筑山庭里瀑布常是构园中心。即便缺乏水源，泻瀑的岩床还是会有的，好似自然界在气候干旱期瀑布枯竭时一样。日本的造庭中对于瀑布的式样和构造的艺术有悠久研究的历史，设计瀑布首先要安排有确当的周围环境：离正宅较远，大抵只从两山之间的山崖上泻下来，背景是厚密的丛林。至于瀑布的式样至少有十种：（1）泻瀑（tsutai-ochi），泉水顺着倾斜凹凸的岩床泻下来；（2）布瀑（nuno-ochi），水流好似晾晒的布匹一样滑落；（3）线瀑（ito-ochi），水流好似一条丝线样泻下来；（4）偏瀑（kata-ochi），泻下时偏向一边；（5）分瀑（sayu-ochi），由于中间有块岩挡着水路而分为左右两水；（6）直瀑（choku-ochi），泉水直落下来，中间并无阻碍；（7）侧瀑（soba-ochi），泉水从一面跳越落下；（8）双瀑（mukai-ochi），从崖壁的两边相对落下；（9）射瀑（hanare-ochi），从源泉处射出落下；（10）叠瀑（kasane-ochi），就是跌下一段又再跌下一段成为数叠。如果水源不足往往采取前三种式样，高不过数尺，水源充裕的就往往采取后三种式样，高可达丈余（图 1-32）。近代园庭里常利用城市给水或自设抽水压水机供水。不论用哪种供水方法，在瀑布的上流必须先有溪涧或石池汇蓄水作为水源。瀑布的地点要尽可能安排在使阳光和月光能照射到和可欣赏的地点。

在平庭方面，往往设置人工泉水，从满布青苔的岩石间涌出来并成为溪流的水源。溪水在园地里弯曲流淌从东到南，然后经西出园（当然水流的方向要根据园地的地形而定）。溪流不宜成直线但也不宜弯曲过多，既使水湾优美又要有利于排泄。河床在起源地方的纵坡应较大而到

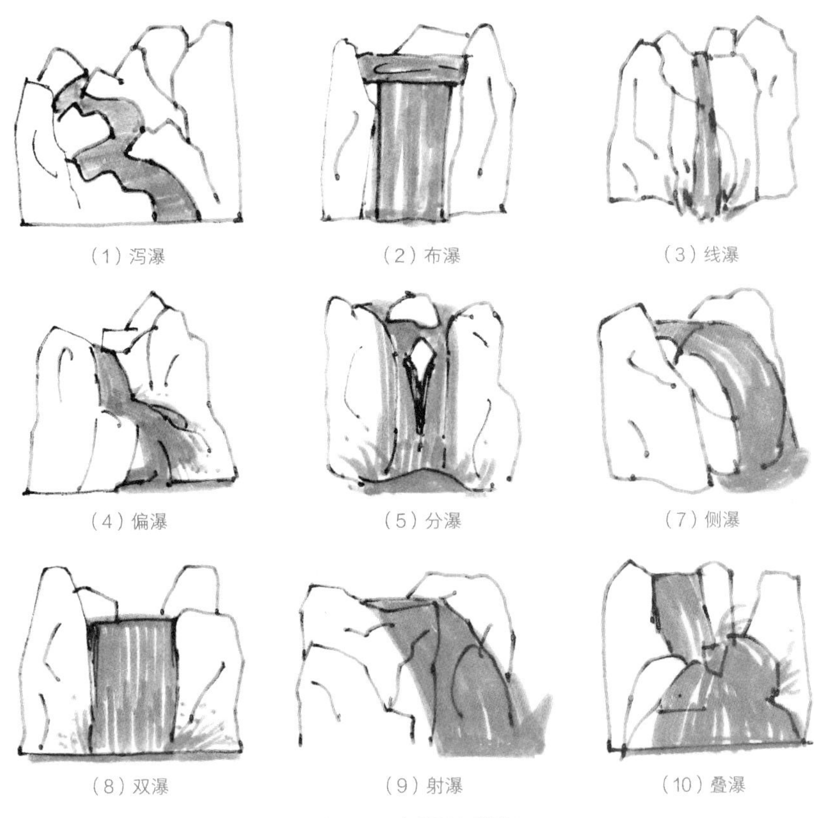

图 1-32　各种瀑布类型*
（改绘自《作庭记》所述的瀑布示意图）

尽头应小。一般地说溪流不宜切过园地的中部，以免把园地分为两半。为了设想是大的江河，若在拐弯地点，以石护岸任水冲激更显自然，有时用小的装石竹笼和木桩护岸也很合适。如果溪流的河床很小，不宜用石，只要在拐弯处打下木桩护岸即可。

为了造成溪水的音效，应在某一段弯狭处两岸堆石好似峡谷，而在其下的水流中有石块使水分流，然后往下又有岩石在两侧挡水使溪水又再合流。为了形成漩涡可用巨石挡水，而在其上相当距离的地点又另有一巨石与它成垂直角安置，使廻上的水又再改变水路流经巨石的一隅而下（图 1-33）。在水浅的地段往往安设步石以便行人越过。

日本庭园里，湖池占极重要地位。为了使风景有变化，在掘池时就利用挖方的土来堆池后的山。往往这点土方是不够的，需要另有土方来源。土山初堆成时，也许看起来已够高，但等到池中注水之后，往往又显得山不高了，因此要十分注意比例。池即便小，也以黏土涂壁砌底并厚覆。池形不宜整齐，为了自然，池岸宜有弯进凸出，如同中国文字中

*（6）直瀑未查到具体式样，暂缺此项，其余均与文中提及的瀑布式样序号对应。

“心”字、“水”字或“一”字状。池形也可以呈半圆形、方形、月牙形或流水形（图 1-34）。自古以来，日本园中十分重视理水形式，或表现为海，或江河或沼泽地，水体弯曲，加以树木的种植，使全湖池或河流不会在任何一个视点上能够一览无余。池水应有出处，并隐藏在水源相反方向的地点。池岸的砌筑，有的地方宜用石，有时宜用桩木，有的地方任草地接触到水际，有的地方有石级踏步下引到水。

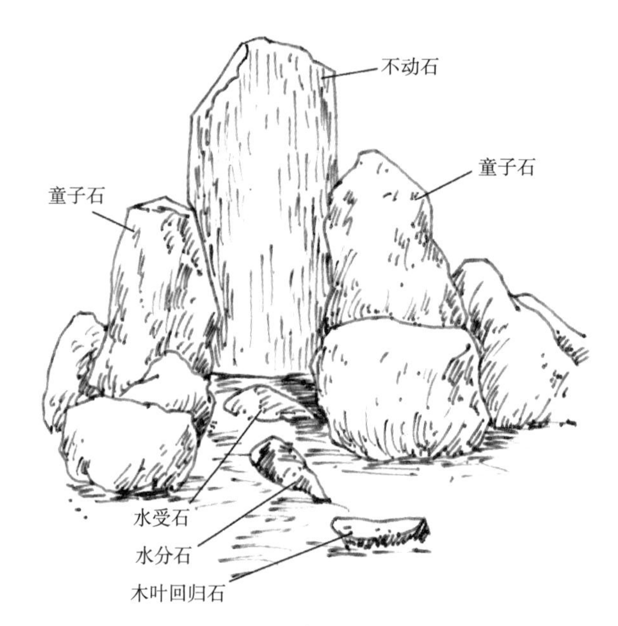

图 1-33　瀑布石组各石名称
（改绘自渡边 清《庭园建造小百科》日本文艺社，1985 年，P222）

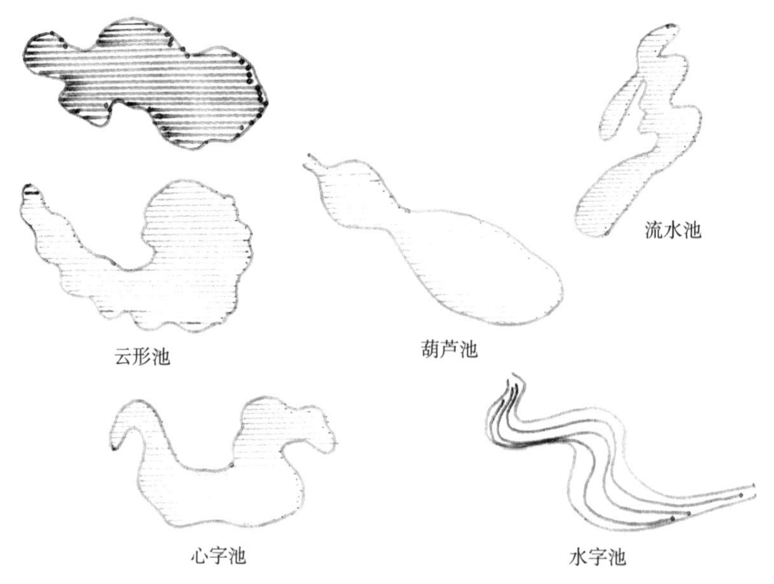

图 1-34　和风式水池的类型
（改绘自渡边 清《庭园建造小百科》日本文艺社，1985 年，P215）

日本庭园的堆山

筑山庭的山主要是利用挖池的土来堆成，只堆一个山头的就难现自然风致，或山头过多一个接一个的又显得造作，都不相宜。在筑山庭里，一般以堆掇 3–4 个山为合适，大小不同，形貌各不相犯。山之一应占用为瀑布的背景，然后有远山有近山，有主有宾。

中岛（中島，naka-jima）——庭园的池中往往宜有中岛。如果池的面积较大可以设岛，这样就可以增加庭园里景的变化和深度。中岛可以有各种式样和性质。或为岩岛（矶島，iso-jima），用粗岩堆成，上部宜有缝隙，还要有水中的余石；或为山岛（山島，yama-jima）好似水中升出的一个山头；或为林岛（森島，mori-jima），岛上在低层等高线上满植乔木；或为潮岛（干潟，hikata-jima），部分岩石半浸水中；或为沙岛（砂島，sunahamagata-jima），只见沙滩不见草木；或为云岛（雲形島，kumo-gata-jima），全以白沙形成；或为松皮岛（matsukawa-jima），岛岩粗糙石面好似松树皮纹一般。古代庭园里习惯有主人之岛、客人之岛和中岛三种。但这必须湖池宽广，而且前二者只是位在池两边的岬地部分。

有时另有一些用石头堆成各种形状的岛，例如龟岛（亀島，kame-jima，图 1-35），岛形似龟鳖，用石堆成头、尾和四足，岛上植以松树。这种龟岛是设想在大海中部的，因此不能用桥把岛与大陆相接，许多情况下，所谓岛只是池中堆石一组构成岛形而已。

图 1-35　龟岛示意图
（改绘自京都市左京区的金地院鹤龟庭）

十一 园桥

日本庭园里桥的式样也是众多的，使园景增色不浅。就材料来说有石桥、木桥和土桥，每种又有各式桥样。就石桥来说往往用一块原形岩石（称寄岩桥）或拱块原形岩石经加工后搭成，直跨或曲跨，或简单或复杂。中国式拱桥，各园中也常见用。木桥的式样变化最多，或具栏杆或没有；有的是吊桥式，有的在桥上加亭屋。桥身或用柱木连成（称连天桥），或用木板制成（称为板桥），一块或多块组成。更有所谓八川桥（yatsu-hashi）是由八段桥成“之”字形曲折而组成的（好似我国九曲桥）。有各式桥基或土桥，但桥面盛土而成，更增野趣。

十二 置石

天然岩石的运用在日本庭园中也占极重要地位，认为置石是建园的骨骼。首先要考虑选石和布石。石的大小形态、质地色泽要依置石的地点和环境而定。不同产地搜罗来的石有其各自的置石地点。海岸的石宜置池边，山石宜置山上或作悬崖瀑布用等。尤其是根据不同石形成组的布置，其讲究是无穷尽的，不可能详述，这里仅提一下。在某一个规模较大优美的庭园里，主要块石多达138块，而且各有专门名称，各有其功用，此外还有许多次要的块石。但在一个小庭园里，主要的置石有5块即可，包括守护石、礼拜石、二神石（图1-36）。

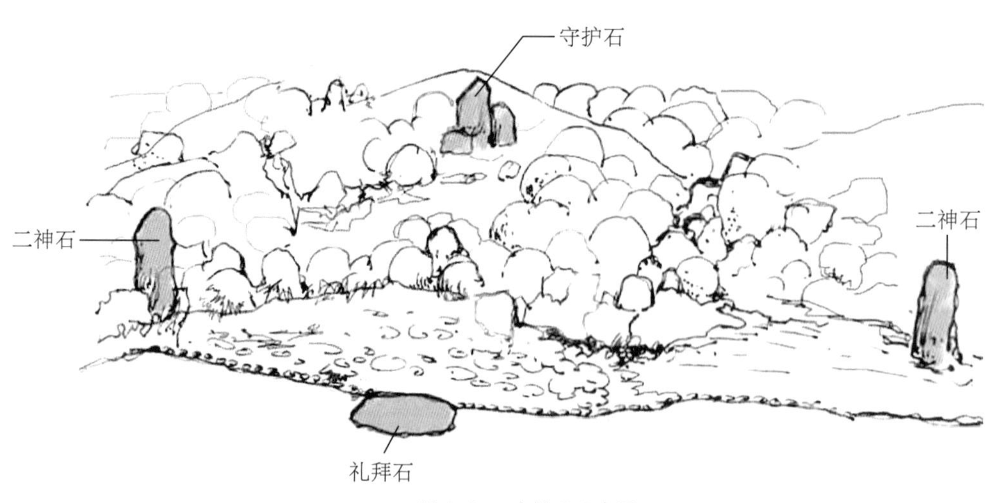

图1-36　守护石示意图
（改绘自龙潭寺的守护石）

十三 步石及铺地

茶庭的突出成就之一就是创用步石，把实用和美观相结合。步石选用比较平整或石面稍凹的石块，一般不宜大于一步所需的立脚地，也不宜过小仅容一步的立脚石。步石的布置忌整齐，其方式变化无穷。主要有所谓踏段，每石都有专门名称，直打、大曲或二连、三连、四连，或仿雁行法，或为二三连打，四二连打，或千鸟翔法，或短册石法（图1-37）。各石之间的距离以跨步最舒适的跨距为宜。一般为12–15厘米。步石半埋土内，上露5–12厘米（图1-38）。有时在定式的步石之间加置一块小石以增美观。步石不宜在园地中央部分贯行，而应布置在一边。步石的安置成为一个无形的小径，引领到一定的地点，或引至休息所或引至茶室，或引至井旁，或引至石灯笼。

步石小径可分叉成为两个支径。这时在分叉点宜用较大的石块，往往用柱基石（寺庙柱基的础石)(图1-39)，但在分叉点上不宜有两个以上的行向。

至于园路铺地也可有各种式样，有时用长方形条石，配以不整形石块，或全为不整形，或路牙为整形而路身的铺地为不整形等（图1-40）。

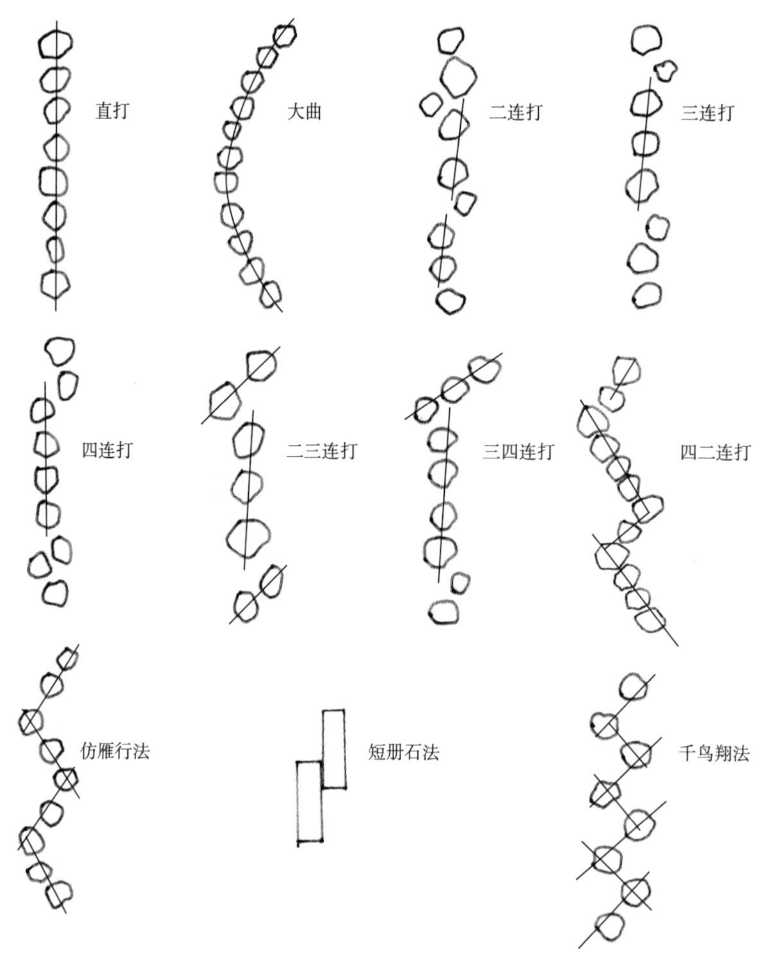

图 1-37　步石的种类
（改绘自渡边 清《庭园建造小百科》日本文艺社，1985 年，P207）

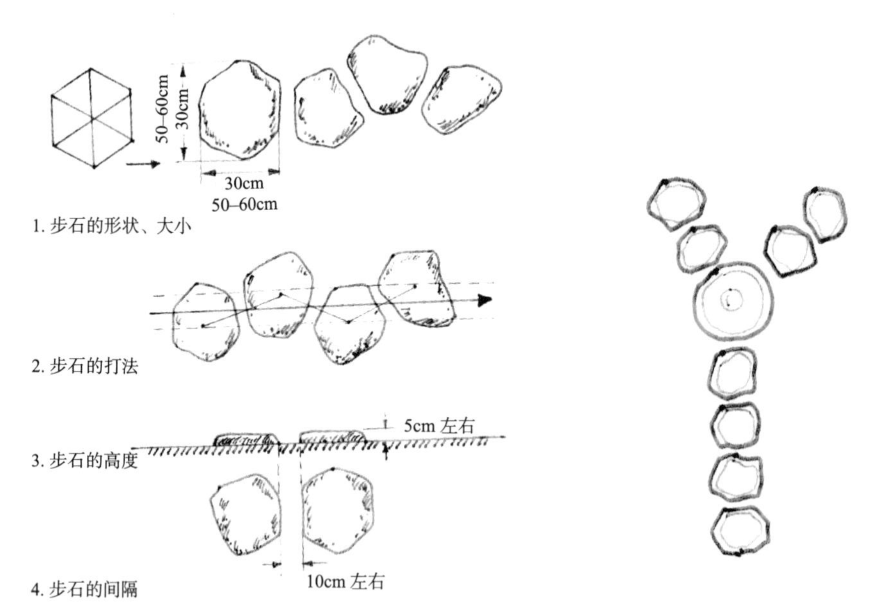

图 1-38　步石安置（改绘自渡边 清《庭园建造小百科》日本文艺社，1985 年，P207）

图 1-39　路分石（改绘自渡边 清《庭园建造小百科》日本文艺社，1985 年，P207）

延段

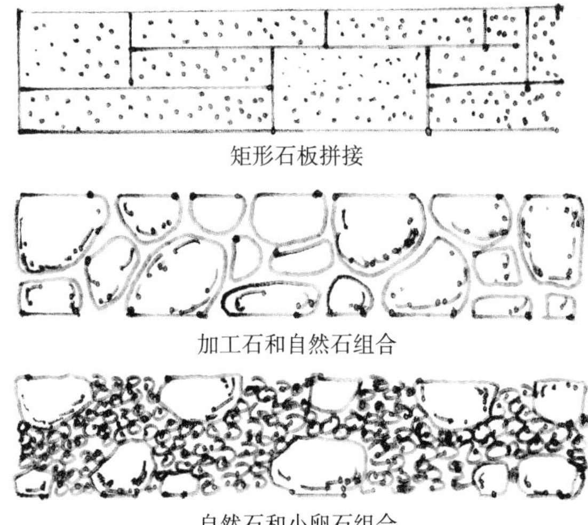

条石组合

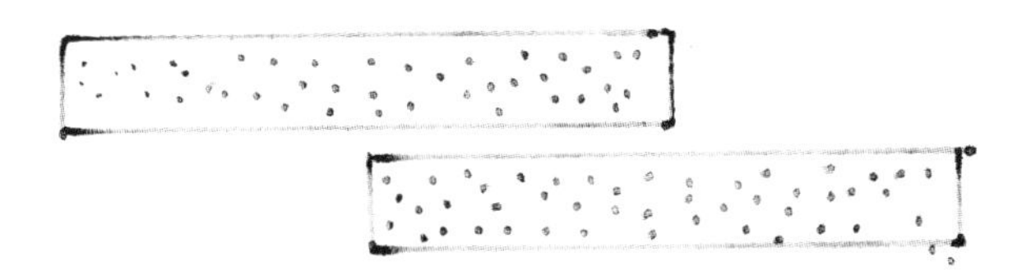

步石组合

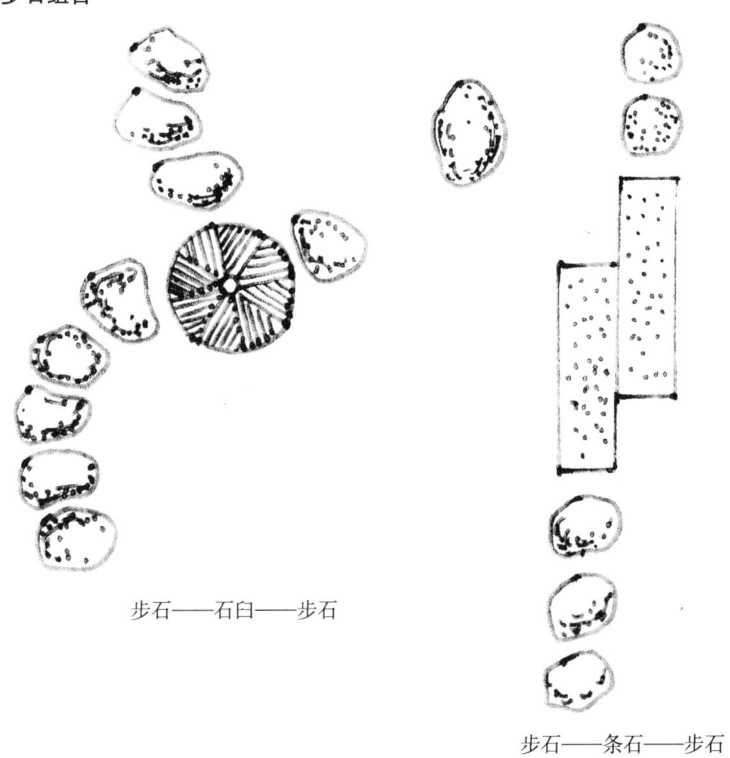

图 1-40　延段、条石组合、步石组合
（改绘自渡边 清《庭园建造小百科》日本文艺社，1985 年，P209）

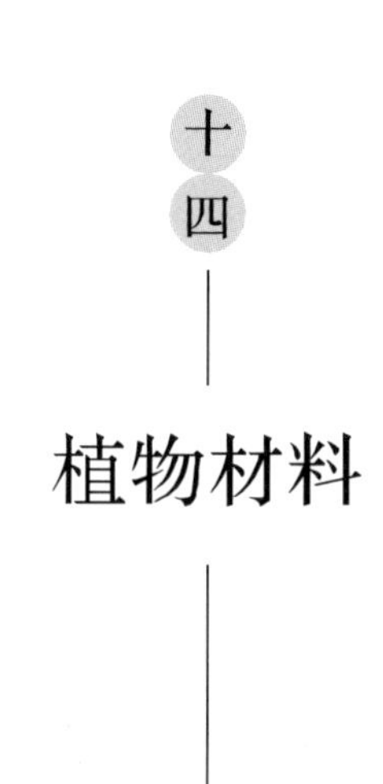

十四 植物材料

多数日本庭园里的植物配置以常绿树为多而花木稀少的特征是非常显著的。虽然古时人们可以自由选用各种乔木和灌木。近代日本庭园，对植物配置追求简单而不是繁复；要有含蓄而不是显露；要朴实而不是富丽；要终年好景常在而不是过分突出季节的变化；重视叶的色彩逐渐变幻而不是落叶树那样骤然变换叶形和叶色。但也有例外，槭树、吊钟花（*Enkianthus*）、锯缘冬青（*Ilex serrata*）等，在庭园中是常见的树种。因为槭有着丰富的色叶品种，吊钟花不仅开花细美而且主要是为了欣赏它的秋色；锯缘冬青主要是欣赏它在叶落后的红色浆果。受欢迎并喜用的落叶树以落叶后树干和生枝姿态优美的种类为上。

正如布石一样，布置树木时对不同原产地各个树种的特性应加注意。每株树的种植必须适合它的自然的生长习性。松树最受欢迎，任何庭园不可或缺，而且常加以整形而具有特殊的风致。姿态优美的松常安置在主要地位成为构图中心。

在泷口应有乔木和灌木丛的配置，部分遮掩瀑布以增进深度感。某些树种，往往是槭树，可使其枝条伸出到瀑布前，好似在承受跌下的水一般，从而冲破瀑布的单调，但必须注意既不可把瀑布全遮住，也不可掩住了瀑布本身的美景部分。在石灯笼旁应有树木的种植，用枝叶半遮光射，在池后边要有树木的种植以便有倒影。桥侧应栽有树，以便用枝叶部分遮掩桥身。棚架或庭门也需要树荫。

花木类当盛开时要以有开旷的前地来远眺为优，这就决定了它们适宜种植的位置。为了欣赏雨声，大叶的棕榈类及芭蕉树常种植在屋旁；植篱的树种也应加意选择易防火的观赏树种。经东京地震火灾的考验，以栎树、银杏、皂荚、日本金松、桃叶珊瑚与火斗争最力。尤其是银杏，即使被毁并烧仅存树桩，有时第二年还能从烧黑的树桩上发出嫩绿的新枝来，鼓舞了因受灾而心情沉重的人民，给以新生和重建一切的热情。

成丛的种植树木，在日本的庭园里，往往采取三一、一对二、五对一等方式。丛植中的各株间距要使人们从任何角度都能看到全丛的各株树木。在池畔的树，有的不宜生长过高，不然会影响到湖边赏月。树丛本身不宜过密而影响通风，或不利于地形起伏的显出，也不宜过于稀疏以致树间关联中断。多株树或每个树丛不仅本身应是优美的，而且要使全园增色。这一丛对另一丛要能相互平衡，这个空间和另一个空间相接。直线和弧线相连，并运用质量、空间和线条产生韵律等等。总之要求多样中的统一。

第二章

中世纪 欧洲的庭园

一

中世纪简说

欧洲历史上称做中世纪的时期，开始于罗马奴隶制帝国的崩溃，结束于 15 世纪中期。

中世纪初期，约从 5 世纪起到 11 世纪末，是封建制形成时期，即封建领地、骑士等级以及所谓封建等级制形成的时期。这个时期里，也是封建欧洲主要精神支柱加特力教会（天主教会）的影响在整个欧洲广为传播的时期。中世纪时期的加特力教，在罗马帝国崩溃之后所发生种种事变中得到了有力的发展，而且具有很大的权力。罗马教皇从 7 世纪开始就企图实行一种神权政治，建立人间的宗教王国。9 世纪之后，教会充分利用封建领主间战争中的矛盾，占了很大便利来扩充它的势力，同时教皇的统治也巩固起来。

中世纪的繁荣时期，约从 11 世纪到 15 世纪，即从十字军东征到地理上大发现的时期。这个时期里，封建的生产方式完全发展。“在农村中占支配地位的是自由的或农奴的小农经营，在城市中——手工业”（恩格斯:《反杜林论》，人民出版社 1956 年新一版，第 280–281 页）。12 世纪末叶和 13 世纪初叶是教会最有势力的时期。加特力教会占有广大的土地（竟占全西欧土地的 1/3）和动产，教会成了最大的封建主。这在中世纪经济具有独特的意义。加特力教会成为中世纪最强大的社会组织者，成为结合新的国家形式的一种力量（政治组织者）。以罗马教皇为首的集权制来同割据的封建国家相对立。当时的教育完全操诸教会之手，教育者和哲学家都是教士和教徒，教会是精神文化的垄断者。但到了 13 世纪和 14 世纪，在教会内部有宗教改革的思想运动。先进的学者倡导反宗教的思想。教会虽用压迫杀害的恐怖手段来严禁所谓异端思想，结果是不仅不能扑灭接踵而起的反宗教的自然科学，而且新生的力量日益壮大起来。“自然科学中那些前仆后继的先烈是由那些伟大的意大利人（那些近代哲学的开山祖）中产生出来的，他们有的是活活被烧死、有的被当异端邪说而关进牢狱。……塞尔维特（Michael Servetus）正待要发现血液循环系统的时候，加尔文（John Calvin）就把他判处了火刑，把他活活烧了两个钟头才让他死去。异党审判所简简单单地烧死了布鲁诺（Giordano Bruno）也就心满意足了”（恩格斯：《自然辩证法·导言》，三联书店 1950 年 9 月第一版，第 6 页）。

15 世纪后半期开始了称做文艺复兴的时期，今日欧洲各民族国家的确立也是在那个时期。恩格斯在《自然辩证法·导言》中写道：“那个时期（引者注：文艺复兴时期）是从 15 世纪后半期开始算起的。王权在都市市民支持下面，打倒了封建贵族的权力，建设成了本质上拿大民族作基础的大君主国。近代欧洲各民族和近代资产阶级社会就是在这种君主国中发展起来的”（恩格斯：《自然辩证法·导言》，三联书店 1950 年 9 月第一版，第 3 页）。

中世纪末期，即从 16 世纪到 17 世纪上半纪，是封建制度加速崩溃和资本主义因素形成的时期，这个时期也是所谓资本主义原始蓄积时期，也是所谓宗教改革时期。这个时期发生了比 14 世纪、15 世纪更厉害的农民起义和初期的资产阶级革命。这个时期的欧洲的政治形式是君主专制，它依靠加强中央集权来镇压日益增长的人民反抗和贵族阶级，它也和正在兴旺发达中的资产阶级结为同盟。那时资产阶级还不够强大，还不能直接把政权夺归自己掌握。资本主义生产方式经过三个不同阶段——简单协作、手工工场及大工业来完成。封建制度迅速瓦解和资本主义因素形成，是和这些世纪中作为西欧特征的激烈的社会、政治和思想意识上的变革相联系的。

二

中世纪的欧洲园林

中世纪封建制的形成和封建领土（采邑）的占有，封建领主都要建造他们的官邸——城堡，然后就有城堡式庄园的发展。我们知道，中世纪时期的欧罗巴，只有教会和僧侣掌握着知识的宝库，孕育着文化，寺院十分发达。园林曾在寺院里得到发展．我们就称它为寺院式园林。

到了 15 世纪后半叶，不仅欧洲各民族国家的确立，就是新的文学、艺术以及现代的自然科学也是由文艺复兴时期这一伟大的时期开始的。这一新的文化，首先发生和发展于意大利，向外传播并影响到原是构成西罗马帝国在欧洲部分所有的国家（例如法兰西、德意志等）。由于公元 1453 年君士坦丁堡被土耳其人拿下，许多希腊学者逃奔到意大利的佛罗伦萨（Florence）。在意大利有着比任何地方都更多的古代罗马的遗迹和文物。希腊学者为了生活以讲授古希腊学问为职业。这个知识的传授更加影响了已经快成熟的一个时代的变迁。

在这个伟大的时期里，造型艺术和建筑艺术非常繁荣，园林也像雨后春笋那样兴盛起来。一种新的园林形式（我们称做意大利台地园）开始并发展于意大利，向外传播并影响所有欧洲大陆各民族国家以及英伦三岛、北欧等。所以关于近代西方园林形式的发展就以文艺复兴时期意大利台地园开始。然后就其影响所及并有新的民族风格形成的顺序来叙述 17–18 世纪法兰西宫苑，18 世纪英格兰风景园。

为了叙说方便和承接下文起见，这里将以英格兰的城堡式花园和寺院园林为例来叙述中世纪初期和中期的园林型式。然后在下文顺序介绍文艺复兴意大利台地园，17–18 世纪法兰西宫苑，18 世纪英格兰风景园，19–20 世纪资本主义国家园林，最后为苏联的园林。

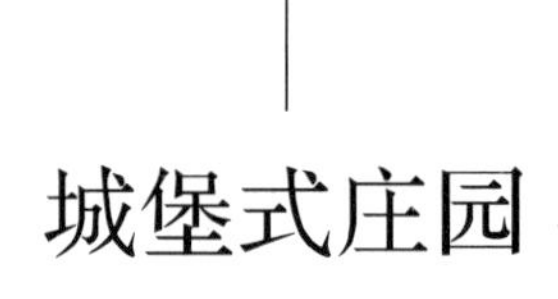

三

城堡式庄园

在诺曼人侵入英格兰之后，他们是不能以撒克逊人居住的那种木屋而感到满足的，于是就开始建造他们习惯居住的石砌的城堡式宅邸。这种宅邸筑在四面有高墙围成的城堡中。为了防护周密，在城堡外四周掘有宽深的护城沟。出入的城口有可起可落的吊桥，只有放下吊桥时才能进入。城堡内除了宅邸部分外还有庄园部分。这种城堡式庄园的具体内容，因为迄今仍保存下的实物绝少，不能详证，但从文字记载中可以了解到葡萄园和果园已不再是城堡内庄园的组成部分，都放到城堡外或城沟以外的田地部分。因为这时的葡萄园和果园已归农业生产经营，而且主要为了供给酿酒业原料而生产的。城堡内的庄园里，药圃部分是一定会有的，也是不可缺少的。药圃园地依然采取整形格式来规划，它的位置大都在城墙内或护城河沟以内的空地部分。中世纪时期，蔬菜的种植还很少，作为商品菜的蔬菜生产还不发达。为了供应自食需要的菜蔬通常就种植在药圃里。要知道中世纪时期，不仅药用本草取自药圃，就是化妆品用原料、消毒用药物和辛辣调味用的香辛植物也都种植在药圃里。

那时的运动和游戏活动也影响到庄园的布局。为了野营活动和射箭运动就需要布置帐幕营地和进行箭道的安排。搭帐幕的营地通常只是选一片平坦的草地为基地，但四周有围墙或挡土墙的营建，箭道的位置常安放在沿着城墙边狭而长的台地部分。在箭靶的近旁有嵌入城墙里的隐蔽所，记分员就可站在里面而不致有被射中的危险。

四

寺院式庭园

当宗教正以出世的苦行修炼为主的早期，寺院里不可能有庭园的部分。因为那时的所谓寺院都处在旷野的不与外界接触的地点，或者说人烟稀少的地点。有的寺院建筑就直接建在山顶岩基上，仿佛它就是从石头上自己长出来一般。往后，宗教从山头下凡，来到人世中间。寺院占有了土地，不仅寺院建筑的规模日益宏大，而且有了庭园部分。整个寺院的总体布置好比一个小城镇一般，有教堂建筑、有僧侣居住生活区、有医院、有客房、有学校、有药圃。有果园和游息的庭园部分。寺院的布局可以从保存下来的圣高尔修道院（Abbey of St. Gall）平面图来加以研究（图 2-1）。

圣高尔修道院的正面和侧面都有开旷的游息园地，信徒来到教堂可以在弥撒开始前就在园地休息晤谈，做了礼拜后也可以在这里晤谈片刻。僧侣的居住生活部分，是四面围合起来的房屋，当中有一个宽敞的院落。院落的一边就是食堂部分，和食堂相连的是厨房。就在厨房的对面有一片种植蔬菜的菜圃和一个圆形的鱼池，鱼池不仅为了星期五鱼餐而养着鱼，同时也是菜圃灌溉用水的贮水池。跟食堂相对的一边是医院，在医院前面方形畦地部分是药圃。药圃的另一面，有行列式种植着树木的部分是果园。

从图上研究就可了解到布局原则之一是每一种类型的建筑都有和它相关的园地部分，合成一个小区。具体来说，有教堂休息区、居住生活

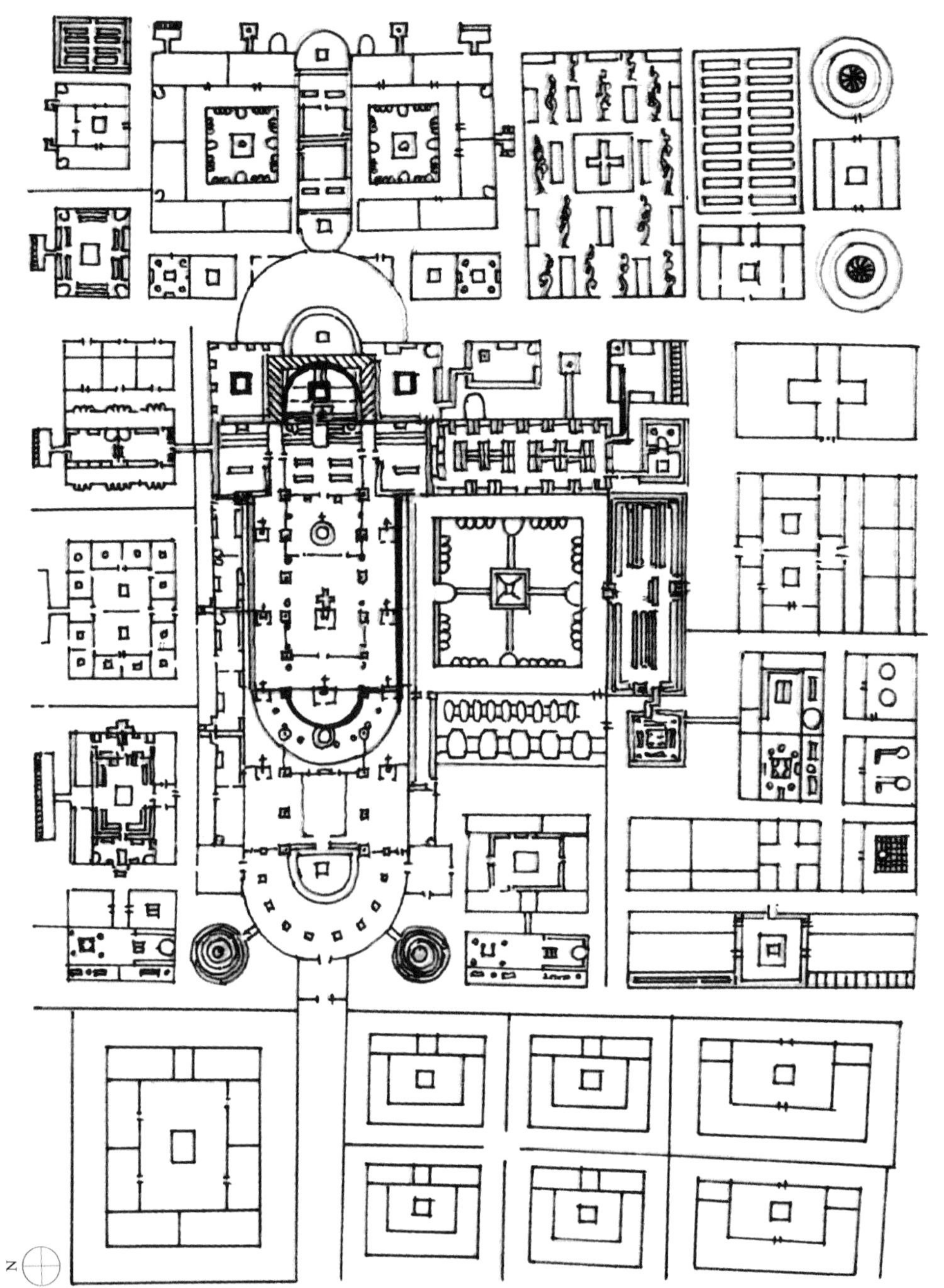

图 2-1 圣高尔修道院平面图

区、厨房菜圃区、医院药圃区、果园区。这些小区相连组成整个寺院。把种菜、栽培药物等结合在寺院用地的布局中，也反映出中世纪封建社会自给自足的经济特点。至于寺院中把相应的园地部分和建筑的用途密切结合的传统在今日英国的一些学院或大学的校园布置中还保存着。

第三章

文艺复兴时期意大利的园林

一

文艺复兴的历史背景

恩格斯在《自然辩证法·导言》中对于文艺复兴时期艺术的灿烂光辉曾这样写道："由拜占庭（引者注：今君士坦丁堡）崩溃下抢救出来的手抄本中，以及由罗马废墟中挖掘出来的古代雕像中，一个新的世界（古代希腊的世界），就在掠夺的西欧人们眼前涌现出来了，中世纪的幻影就在古代希腊这种［古典的（？）塑雕的］明媚的姿态前消灭掉了。意大利出现了艺术上预料以外的兴旺时期，这正像古典的古代之复现一样，以后就不再看见这种盛况了。"（恩格斯：《自然辩证法·导言》，三联书店1950年9月第一版，第4页）。

意大利成为文艺复兴运动的先驱者是有其历史背景的。在意大利，这个新兴运动的思想革命萌芽，早在13世纪已显出苗头。当时，圣·佛兰西斯教派所主张的"行动的真"，就是要使宗教在生活中与现实结合，这种思想可说是文艺复兴的思想萌芽。14世纪的诗人但丁（Dante Alighieri，1265–1321年）在《神曲》里表现了抗议教会的狭隘偏见，赞扬了自由意识和探究的精神以及认识世界的努力。但丁对于古典文学的传播也有卓越的贡献。人文学者彼特拉克（Francesco Petrarca，1304–1374年）在他的著作中传播古人的实践精神和科学知识，鼓励同时代人反对基督教的愚民政策，号召人们享受现实世界的一切欢乐。这些，都为意大利反对中世纪艺术和复兴古希腊罗马艺术的道路奠定了基础。

从社会经济方面来看，意大利是14世纪到15世纪时欧洲最先进的国家。马克思在《资本论》第一卷里写道："意大利是资本家的生产最早发展的国家，也是农奴制最早崩溃的国家"。新的工业形式（手工业向工场手工业的转变）已经组成，资产阶级在发展中。因为城市工商业经济的勃兴日渐成为支配经济形态的时候，亟需技术的进步和科学的发展，把科学知识从教会的桎梏下解放出来。

伟大的发现和发明接二连三地跟着来，当时在地理学和制图学、数学、力学特别是机械学方面推进了一大步，解剖学和生理学的萌芽已经出现，天文学达到广大的成功。1543 年哥白尼（Nicolaus Copernicus）的《天体运行论》在他临死以前出版，这是哥白尼向野蛮教会权威挑战的革命运动。这个时候起，自然科学从神学中解放出来并大踏步地发展起来了。

教会的独裁被打碎了，中世纪的陈旧的世界观、宗教观点和科学命题对于生活在新的社会条件下的人们已是不相适应的了。他们相信人的力量，人的生活权利，称为人文主义（Humanism）。人文主义者说："我是人，凡是人们的一切东西我都能理解。"科学工作摧毁了中世纪神学思想的余烬，自然科学在蓬勃地发展，自由思想在飞翔。

文艺复兴时期艺术的基本内容是活生生的现实，人生和自然的描写，把人生和自然从被宗教所涂上的神秘的色彩下解放出来，重新认识了人的价值和自然对于人类生活的重要，研究自然的热情被激发起来了。并由于研究自然的成果改变了世界的面目，同时也改变了人（人们的世界观和人生观）。从这个意义上来看文艺复兴时期，"那是人类从来没有经历过的最伟大的进步的改革，那是产生伟大人物——产生那种在思想能力上、在热情上、在性格上都伟大的，多才多艺、学识广博的伟大人物的时代"。（恩格斯：《自然辩证法 · 导言》，三联书店 1950 年 9 月第一版，第 4–5 页）。"列奥纳多 · 达 · 芬奇（Leonardo da Vinci）不单是伟大的画家，而且是伟大的数学家、机械学家、工程师，他在物理学各部门中留下了不少的重要发现。阿尔布雷希特 · 丢勒（Albrecht Dürer）是一个画家、铜版雕刻家、雕塑家、建筑家，他又是筑城学体系的创始人，……"（同上书，第 5 页）。

文艺复兴时期的意大利城市国家中，有着重大艺术活动的主要城市有三处，即佛罗伦萨（Florence）、罗马（Rome）和威尼斯（Venice），它们依次地兴旺起来，成为文艺复兴各个时期的艺术中心。在当时，无论是建筑学或园林艺术都被看作是造型艺术，庄园别墅（Villa）的设计者和建造者，往往为既是画家、雕塑家，又是建筑师的艺术家。

二

文艺复兴初期的庄园

上面说过，欧洲的美术，到了中世纪，因为艺术创作的两大要素——生活和个性——被加特力教会所排除，便显得衰颓不振。13–14世纪时期，最初以新的创作来动摇早先那种形象生硬呆板，无潜在生命和感情的美术的便是佛罗伦萨的乔凡尼·契马布耶（Giovanni Cimatue，1240–1302年）及其弟子乔托（Giotto di Bondone）。尤其是弟子乔托所描写的人物形象已具有表情，也显得很生动，已是接近自然的写实主义的表现。到了15世纪，马萨乔（Masaccio，1401–1428年）的作品出现后，重新引导美术归于自然的和自由创造的精神，使佛罗伦萨的美术走向灿烂繁荣的黄金时代。

佛罗伦萨是当时意大利的城市国家中经济最发达的一个。由于手工场、手工业的发展推进了市场贸易的繁荣，富源渐渐集中到商人及工场主的手中。他们在农民和城市职工的帮助下迫使教会和封建统治者让步。建立起独立的城市共和国，掌握了政权。这个新兴的资产阶级，为了建立自己的文化，新的意识形态，就热心提倡古典文化艺术。借古典传统的复兴，利用一种有利于新兴制度的意识形态以之与教会的意识形态相对立，来适应他们自己的需要。发掘古代雕塑，搜集和翻译希腊古迹，把艺术家安置在他们自己的周围大事创作，这样更发展了文化艺术。同时，推进了的文化艺术也能为他们的统治添上更多的光彩，从而在人民中造成更高的威信，借以巩固已取得的政权。

他们的生活也由于富裕而引起了变化，以古罗马的后裔自豪而醉心于古罗马的一切。古罗马贵族的豪华富丽的生活和庄园别墅的营造正是他们在生活上所追求的。于是富丽的庄园不断地在佛罗伦萨周围以及意大利北部其他城市里建造起来，所以佛罗伦萨不仅在商业上，而且在美术上、文学上都站在领导的地位上。

在园林艺术家方面，首先像太阳初升的曦光照耀着佛罗伦萨的是伟大的艺术家阿尔伯蒂·利昂纳·巴蒂斯塔（Leon Battista Alberti）。他是第一位有意识地企图把罗马人过去的光荣和新罗马时代之花织合在一起。阿尔伯蒂是一位建筑师，在他所著《论建筑》（De Re Aedificatoria）一书中曾讨论别墅和庄园的设计问题。他认为别墅式官邸要表现得优美、愉快，有开朗的厅堂，所采用的线条应是严格整齐合乎比例，好似笑迎宾客的来临。有缓倾的坡状步道使人不觉得上升而来到了宅邸之前；但到达时又不禁为建筑的优美而感到惊异。至于庄园部分，一切应该是愉快的，所有产生忧郁的东西都要避免，因此必须使暗影留在后背部分。宅第两旁的凉廊或凉亭可保护不受日晒。从古代希腊承继来的以有色砖营造的洞府里既可避暑又可纳凉。他也同意用盆栽植物来装饰庭园，并在特设的床地用修剪的黄杨构成主人姓名的绿色图案。雅致的小径两旁运用修整的黄杨植篱或其他常绿植物为边缘。潺潺的溪水流经庭园是十分需要的，其水源更要能出人意外地奔出，例如水源来自一个用有色砖筑建的洞府。丝杉和攀缘的常春藤在庭园更是需要的，但他认为果树甚至柑橘树不宜在庭园里种植而应与菜园相关。可以允许喜剧式的雕像在庭园里装饰，但淫猥的雕像决不允许，在平面的构图上，他认为圆形和半圆形图案最是美丽。

但阿尔伯蒂在书中所写的只是走在时代前面的一种意图。直到数十年后我们才能看到他的理想真的付诸实现了。佛罗伦萨一位富商叫做贝纳多·鲁切拉伊（Bernardo Rucellai），有一幢乡居的庄园叫做库那基庄园（Villa Quaracchi），大抵建成于1450年以后。有一篇关于这个庄园的记载幸而保存下来，对于这个庄园内容的描写同阿尔伯蒂所描写的不谋而合。

当时佛罗伦萨的执政者，商工党的领袖、富商科西莫·德·美第奇（Cosimo de Medici）在卡雷吉（Careggi）有一座庄园卡雷吉奥（Villa Careggio），比 Villa Quaracchi 的落成要早，约在公元1400年，详见图3-1、图3-2。关于这个庄园并无文字的记载可查考，但有实物——官邸和庭园的一小部分尚保存下来。不过现存建筑的雉堞式屋顶部分已是1517年焚毁后重建的。这幢官邸是米开罗佐（Michelozzi Michelozzo）所设计的，精美而朴实，各层的接合处是依各层的相关高度用刻划的方式分出来的，冠顶（Corona）部分外扩，窗框的处理颇有风趣。从外形

图 3-1　卡雷吉奥庄园建筑

图 3-2　卡雷吉奥庄园

看这幢建筑仍不脱中世纪城堡式建筑的风格。建筑物临街道正面，其下层部分扩伸，这似乎是为了防护和抵抗敌人的攻击而有的。窗子小而不吸引人（窗小也是适应防御要求），上部冠顶采用富有风致的雉堞式，是从城堡式脱化而来的。这种冠顶是佛罗伦萨一般宫室所特有的式样。据传，科西莫的另一居处卡法吉奥罗庄园（Villa Cafaggiolo, Barberino Di Mugello），也是米开罗佐设计建造的，其式样更近似城堡建筑。不幸这幢建筑保存到 19 世纪时曾加以改建，以致原来式样和性质已完全失真。

比卡雷吉奥庄园（Villa Careggio）宫室建筑稍后的萨尔维亚提庄园（Villa Salviati），1450 年时为科西莫的妹夫所占有。这所庄园的宅第式样和风格与 Careggi 极相似，可能也是米开罗佐设计建造的。

科西莫的孙子洛伦佐（Lorenzo de Medicis）执政时，建造了多座美丽的庄园。他是一位艺术批评家，同时对于建筑方面也有主要的评论发表。

1485 年洛伦佐委任朱利亚诺·达·桑加洛（Giuliano da Songallo）在卡拉诺地方（Poggio a Caiano）为他建造一座美丽的庄宅。这块地的所有权本是贝纳多·鲁切拉伊的，他在那里已建了一所旅舍和一幢小屋，连地出租，到 1470 年出售给洛伦佐。桑加洛所设计的这幢建筑和科西莫雉堞式冠顶的建筑相比已是进了一步。这个建筑看起来更令人愉快；没有任何关闭起来的部分。在角隅上四个轩屋式建筑，还令人回忆着城堡式建筑的塔楼，但功能已不同，并且和前两部相连而成一体。主要入口用来加强，这是从古希腊神庙的传统移用来的。

洛伦佐的乡居别墅之一菲耶索勒美第奇庄园（Villa Medici, Fiesole）也是米开罗佐所设计建造的（1458–1461 年），见图 3-3、图 3-4。这个庄园的主要部分尚保存完好，从这个实例来分析可以更好了解文艺复兴初期的庄园。

美第奇庄园位于菲耶索勒（Fiesole）丘陵的阳坡部分。依地势顺着等高线辟出狭长台地（Terrace）三层。最上一层台地最宽，别墅建筑位于这层台地的西端。最下层台地也较宽，大抵限于地势。中间一层台地最狭，但恰好把上下两层主要台地连接起来，好似腰带一般。

庄园的进口位于最上层的东头。进门正对着入口的是八角形水池，到正宅去的走道在左右两边而中间是树畦（障景），从树冠间可隐约看到别墅建筑。建筑的地位安排在西端非常恰当，这样使前庭的面积宽敞。走道分在左右两边也无分割园地的弊病。傍树畦走了一段，优美的别墅建筑忽然整个地呈现在眼前。这个建筑本身正是文艺复兴初期建筑形式

图 3-3　菲耶索勒美第奇庄园鸟瞰

图 3-4　菲耶索勒美第奇庄园局部

代表作之一。站在台阶回过头来可以看到装饰优美的东墙内壁。前庭的处理水池，树只有畦，盆树，十分简洁。前庭的北部地势稍高，又因势旁辟一条狭园地而有变化。从建筑前的台阶走下这条狭地，它的尽头处是建筑背面，装饰优美，成为视景的中心。狭地两旁是带状花畦，引人入胜。

在主要建筑的背面是一个以椭圆形水池为中心的后庭，从平面图可以看出四等分的园地，以低矮的植篱为边缘，角点上置放着盆树。

最下层台地的中心是圆形水池。四等分的园地以植篱为边缘，角点上置放着盆树。东西两端各有正方形坛地，坛地的平面用修整的植丛来表示花纹图案，各坛的式样不同。这种完全用绿色灌木丛植并加以修剪来表现图案的坛地，我们专称它为绿丛植坛，这种植坛必须在居高俯望的情况下方能最好地显现出来。因此也只有摆在最下层台地为合适。

小结：总的说来，当时的庄园大抵依着地势辟有台地，各层台地的连接是直接由于地势的层次自然而然地连接，并不像以后那样有中轴线把它们贯穿起来，主要建筑往往置于最上层的台地上。文艺复兴初期的建筑有着俭朴崇实的风格（继承封建领主时代那种城堡式建筑的传统风格），或则就古老建筑增辟窗户而成。园地部分的处理相当简洁，树畦、盆树、绿丛植坛。其他的配置以及园地和建筑间的关系是直接地合为一体，园景的布局上主要着眼于不损碍可资眺望的视景，而得借景于园外。喷泉或水池常位于一个局部的中心点或为构图中心，但泉、池本身的形式简洁。主体常是雕塑物像，而不是理水的技巧。

废墟和花园式博物馆：文艺复兴初期热衷于古代废墟的发掘，在园林中也有废墟的装置供人凭吊，甚至有伪造废墟物作为园林的装饰，这种伪造品更是可怜而不值一看的了。当时不仅热衷于发掘古代废墟，更热衷于文物的发掘。古代雕像不断地被发掘出土，数量如此之多，在屋内陈列已难容下，于是就有产生了把它们装饰在园地中的想法。学者和艺术家首先创立花园式博物馆（Garden Museum）。人文主义者波焦（Poggio）曾叙述他怎样地将他所搜罗的古代雕像安置在Joira Nuova庄园里。由于他展览了这样众多的大理石雕像，当时的人们曾这样评论，虽然他的祖先是穷人，但因拥有这些雕像也就显得高贵了。波焦所搜罗的雕像，后来都归到美第奇家族的搜罗品中。科西莫也曾经把古代雕像安置在园中作为装饰品。洛伦佐在圣马可广场（Piazza San Marco）附近筑一别墅庄园，把他所搜罗的全部雕像安置在这个庄园中、卧室中、庭园棚架下、泉池中都满列雕像，并在园里设立了一所画廊。据说，米开朗琪罗（Michelangelo Bounaroti）就曾观摩研究这些古代雕像来学习造型艺术。

狩猎园林：到了公元1500年左右，佛罗伦萨的庄园反趋于退步。园地的规划大都极简单，只有植篱、有树荫的走道和修剪的树木而已。装饰性园地的面积很小，而果园和菜园虽然安排在主要建筑的背面，但面积大而且地位重要。

那个时候贵族爱好豢养野兽和猛兽于笼中，并渴望狩猎的游戏生活。要达到游猎这个愿望，就必须有广大的园林。主要是为了狩猎的园林，就很难要求高度的艺术性。法国诗人描写Poggioreale的园林为丛莽中有圈围野兽的防寨、有供家畜啃草的草原、有饲养禽鸟的鸟笼、有葡萄园、有大的泉池。

Filarete园林被高大的垣墙包围起来。园中有矮墙分隔，把圈养野兽的部分和饲养牲畜的部分隔离开来。园林中也有大的湖池，为野禽所栖息。那时猎禽使用鹰鸟，为了能够眺望鹰追逐禽鸟，园林中要堆叠山丘，丘顶上建瞭望楼以便登临放鹰追逐。在圈养野兽的分区内，一个大而圆形的山丘上，在松和丹桂混植的厚宽的树丛中建造一座小教堂，里面住着修道士。这样一种浪漫的设想和粗野的风景混合在一起是和当时一切向往古代的情绪不可分的，如同中国古代的“老觉华堂无意味，却须时到野人庐”的意味。

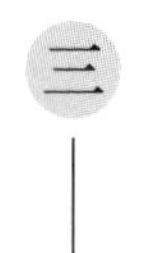

文艺复兴中期的庄园

15 世纪后期，当佛罗伦萨的执政者洛伦佐逝世时（1492 年），国力已大衰落。接着法兰西王查理八世侵入佛罗伦萨，美第奇家族覆灭。在这些变乱事件中，萨佛纳罗拉又发动了宗教复辟，想重建中世纪教会统治的局面。这样，两个世纪以来，佛罗伦萨市民所培植起来的自由思想和理性生活从此解体；同时，也由于社会经济的变化，佛罗伦萨的文明就此解体。佛罗伦萨借以致富的毛织业这时被新起的英国所压倒而趋于衰落。由于美洲和印度航路的发现，东西贸易的主要贸易线路也移到大西洋方面去了。佛罗伦萨失去了作为商业中心的地理地位，经济便遭受了更大的创伤，这个经济的衰落破坏了文化繁荣的基础。另一方面，曾经是文明创造者的市民阶级上层分子，因为过度的奢侈享乐，腐蚀了青年时代那种对生活的进取心而走向没落。

这时，罗马（Rome）发出了前所未有的光辉，它替代了佛罗伦萨成为意大利的艺术中心。罗马城市的兴起是在 15 世纪，教皇司歇圣已成为有力的意大利暂时统治者之后。那时罗马的执政政府也已有力量来制止家族间的相互斗争而使秩序平靖，于是许多有名望的世家都来到罗马，新的庄园建造也就发达起来。

16 世纪罗马艺术上的繁荣与教皇尤利乌斯二世（Pope Julias Ⅱ 1443–1513 年）的政治宏图是分不开的。他为了要宣扬教会权威和光荣，使全世界的人都在精神上拜服于神权的统治下，首先要把教堂建造得无与伦比之壮丽。他把国中的天才艺术大师都吸收到罗马去，建造和装饰教皇宫殿——西斯廷教堂。正是这个时候，许多艺术家离开佛罗伦萨来到罗马，好发挥他们的艺术才能。米开朗琪罗和拉斐尔（Raffaelle sanzio）也相继离开佛罗伦萨来到罗马。正是这个时期，在罗马要修建许多新的庄园，也就使这些艺术家有一显身手的场合。

尤利乌斯二世在当红衣主教的时期，就好搜集雕像，并与美第奇争胜。他所搜罗的雕像都安置在Vincule地方S.Pietro的Great Penitentiary。当他登上教皇之位后，就把搜集品携到梵蒂冈（Vatican），放在教皇圣八世的教庭里，也就是后来的望景楼花园（Belvedere Courtyard）。

16世纪初叶，在罗马，教会拥有雄厚的力量，不少著名的庄园都是主教们所建造。不幸的是16世纪上半叶所建的庄园因为后来在罗马遭劫掠时大多被焚毁，或未完成而为后人所改建。事实上，在利奥十世（Popoe LeoX）死后，罗马是如此的多灾多难，不安宁也不安全。多数望族开始转到乡居的平和生活。艺术家们也都背离罗马，暂时地或永久地为其他市镇的贵族所接待而为他们服务。

对于16世纪初叶的著名庄园，我们将举玛达玛庄园（Villa Madama）为例来说明。

Villa Madama，Rome（1516–1520年），见图3-5、图3-6。利奥十世的外甥朱里奥（Giulio de Medici）做红衣主教的时候，非常爱好别墅的生活。玛达玛庄园是他所建而未全部完成的一个庄园。

在马勒桥（Ponte Malle）地方延伸着一脉山岭，水源丰富。其中之一的马里奥山（Monte Mario）的半山上有一片平整的台地，那里可以眺望到优美的风景。山的一面虽有市镇但距离尚远，因此仍然感到是在开旷的山野中。到达市镇的交通也很方便，山下有弗拉米尼亚大道（Via Flaminia）通市镇，山的另一面有一条河流弯曲蜿蜒在绿色草原中，而草原的尽头就是撒别奈山脉（Sabine Range）环抱着它，这位红衣主教对于有着这样一个形式优美的地块很激动，于是决心要在这里建造一个壮丽的、无与伦比的庄园，能象征并包容文艺复兴时期黄金时代的艺术成果。

他聘请当时多位最优秀的艺术家参加设计工作，主要有桑迦洛（Antonio Cordiani da Sangallo）、拉斐尔（Raffaelle Sanzio）。这个庄园的一部分设计草图原稿还保存下来。根据一般人研究，可能是桑迦洛做总设计而拉斐尔做细部和美化装饰部分的设计。但总的计划后来由于罗马遭劫掠而未能全部完成。建园过程中，朱利奥（Giulio）就登上教皇之位，称克雷芒七世（Pope Clement Ⅶ）。这时已施工的部分尚不到总计划的一半。两年后主教们反对这位教皇，反叛首领红衣主教考罗那（Pompeo Caeona）为了表示复仇，把这位关闭在安琪斯堡（Angel-bury）的新教皇在马里屋山上的未完成的庄园放火焚毁。

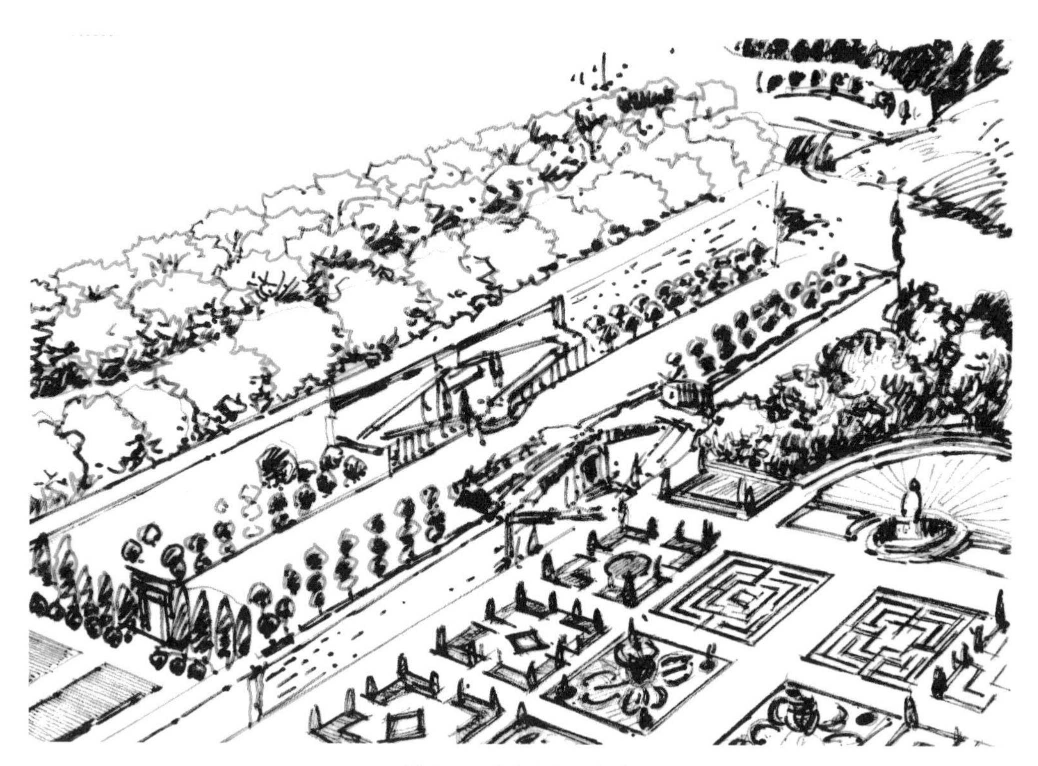

图 3-5　玛达玛庄园鸟瞰

图 3-6　玛达玛庄园局部

玛达玛庄园原样保存下来的只有向着马里屋山一面的两层台地部分。庄园的入口位于上层台地的北端，有高大的墙和一个大门，门旁站立着两尊巨大的人像，在狭边的南端有精美的凉廊（Loggia）。

最挨近山的一面砌有护墙，并筑有三个嵌入墙身内的壁龛，龛内尚保存有原来的装饰物。中间的一个为一象首，水从泉嘴中流出而注入装饰精美的水池里。其他两个壁龛内立着巨大的古代雕像，一为创世神Genius，一为朱庇特（Jupiter）。这个上层台地主要为雕像陈列庭，因为在这里植物的种植好似不引起设计者注意。在这层台地的中间，有一个很大的长方形贮水池。下层台地要低下很多，有台阶可下去，台地几乎全为大的水池（Cistern）所占，沿着护墙筑有一列洞府。

从遗存的桑迦洛计划草图手稿可以看到，两旁站有巨大人像的大门外，是一个跑马道，种植有栗和无花果。一条平正延长的跑马道表示这一部分已经完成，这定是东园的部分。从正中〈 〉字形登道下到中层台地，它是一个柑橘园的园地。同样的登道下到最下层台地，这是一层宽广的以绿丛植坛构成图案的园地部分，园地的一端有半圆形凸出部分，中心是一个圆形喷泉池。

南园的部分似乎尚未着手设计完成，但发现一张草图，可能出自拉斐尔之手。从这个草稿图可以看出其意匠：三层台地，最上层是正方形植坛园地，中层为圆形（可能是蔷薇园），最下层同时也是最大的台地，为椭圆形，并拟设两个中心的喷泉池。

16 世纪 40 年代著名的庄园还有皇家庄园（Villa Imperiale）、科拉齐庄园（Villa dei Collazzi）、圣维基里奥庄园（Villa San Vigilio）等。

最早的植物园：

在没有讲到 16 世纪中叶的庄园前，这里要插入一段特殊用途的园地类型，就是植物园。

威尼斯的一位贵族勃来高尼（Agustino Bregoni），他以好客好友而著名于当时。在 16 世纪 50 年代，他常接待一群年轻的友人到加尔达湖（Lago di Garda）畔，和维吉里奥（San Vigilio）庄园作暇日游息。这些年轻人大都是来自帕多瓦（Padua）地方的学生，威尼斯城市国家的帕多瓦大学在 1535 年就首先设有植物学讲座，从此许多医科学生，从世界各地来此学习药物学。这个大学在 1545 年设植物园（图 3-7）。这个植物园是由弗兰西斯科·博纳弗德教授（Prof. Francesco Bonafude）设计的，其式样曾成为此后无论在南部或北部后建的植物园的范例。从平面图来

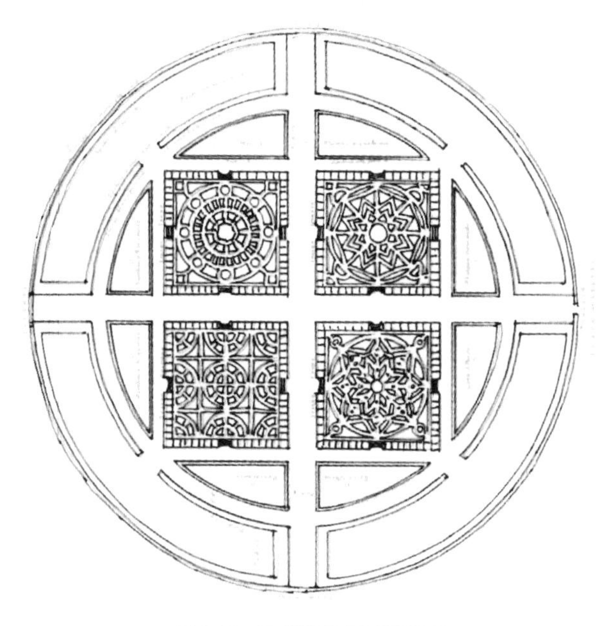

图 3-7　帕多瓦植物园平面图

看，是四个正方包在一个大圆形里，又绕着圆环。许多泉池大都是后来增设的。提奥夫拉斯图斯（Theophrostus）和所罗门王（King Solomon）的塑像立在泉池背后，想必是很早就已有了的。

16 世纪 40 年代里，佛罗伦萨又有新庄园建造的活动，值得注意的是由雕刻家尼科洛·特里博洛（Niccolo Tribolo）设计建造的卡斯特罗庄园（Villa Castello, Florence）。

小结：在 16 世纪 40 年代里，台地园成为意大利园林结构上的主要形式，由于台地的形式关系发展了各种平台外形和登道、阶梯式样的精心设计。例如博洛尼亚（Bologna）地方的赛利奥（Serlio）在他所著的关于建筑的书中，附有各种精心设计的台地和阶梯图样，居住建筑大都放在上面的半中地位。无论如何在其前要先有一层台地，作为入门之境；主园安放在有居住建筑的攀登有数层台地之后的高处。

到了 16 世纪后半叶，正是建筑上巴洛克式（Barocco Siyle）开始出现的时期。热那亚（Genola）成为这个时期庄园发展的地点，那里有一位建筑师阿莱西（Galeazzo Alessi）创作了一种新的风格，典例就是道里亚·潘菲利府邸（Palazzo Doria Pamphilj）。

埃斯特庄园（Villa d'Este, Tivoli 1550 年）：16 世纪后半叶开始时一个突出的优美作品，它是红衣主教伊波利托·埃斯特（Cardinal Ippolito Este）的庄园（图 3-8 ～图 3-12）。埃斯特是在 1549 年赴蒂沃利任该教

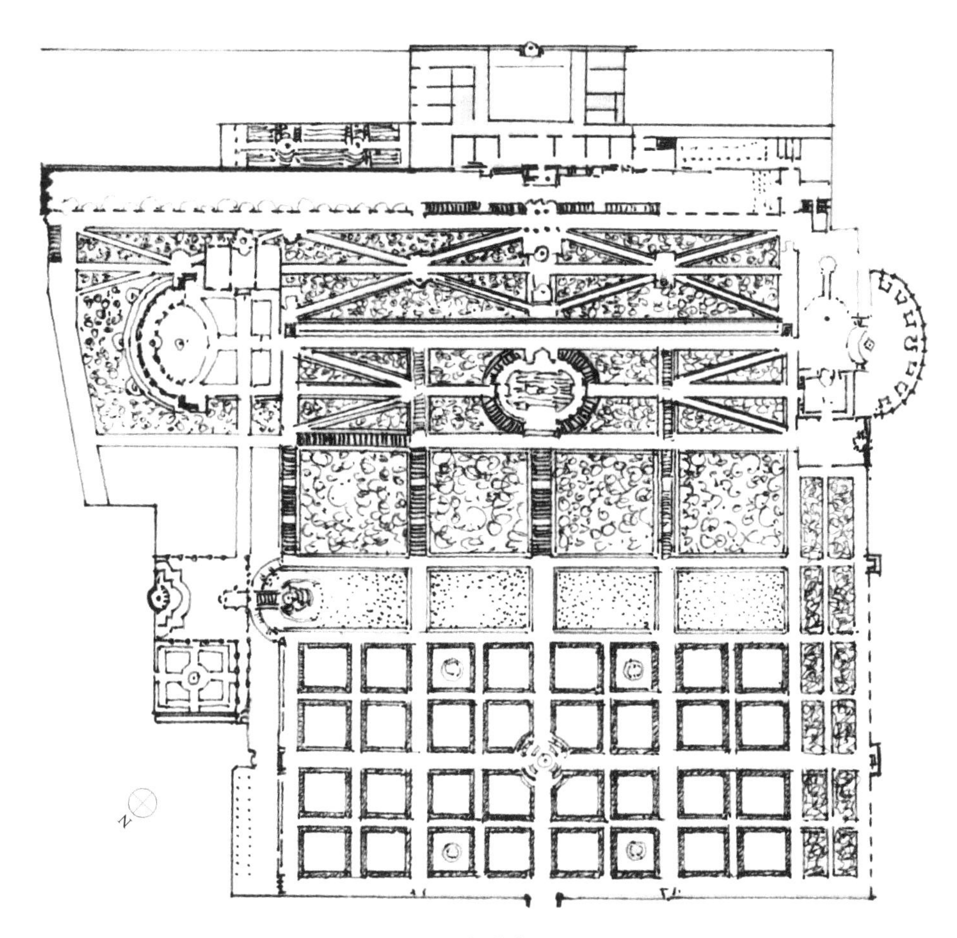

图 3-8 埃斯特庄园平面图

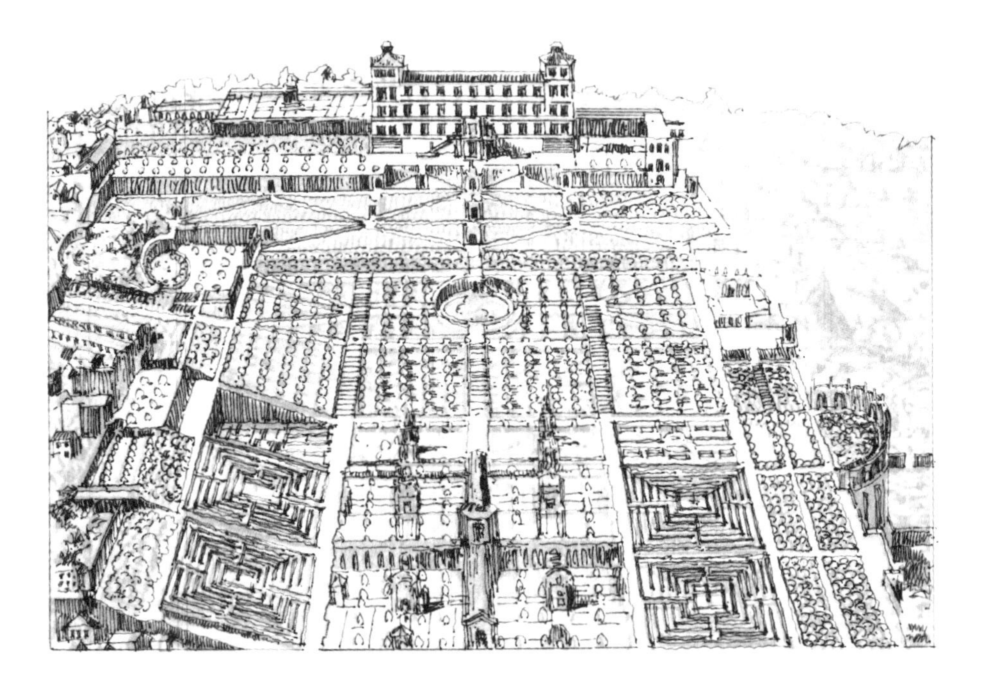

图 3-9 埃斯特庄园鸟瞰图

图 3-10　埃斯特庄园水池

图 3-11　埃斯特庄园水风琴

图 3-12　埃斯特庄园百泉台

区的治理者。他曾登临一个丘陵顶上，从那里往北可以眺望撒别奈山脉和蒙托索利镇（Montosoli）的美丽的风光，于是就想在这丘陵上建造一座招待宾客的庄园，主轴线应和视景线相合。他聘请建筑师皮罗·利戈里奥（Pirro Ligorio）设计建造。

据悉这个丘陵的山脊是西北向，但埃斯特不以此为念，而要求把它的庄园正向北。这就需要在园地的西边砌筑巨大的挡土墙工程。

整个台地园的层次是：在山麓部分为一平正大台地，然后依着陡峭的山坡辟多层（五层）狭的台地直引到最上层住宅部分。值得注意的是，这里不像通常那样把主要建筑放在上层的半中的地位，而是放在最上层，随着峻峭的形式而产生仰之弥高的意境，这从断面就可以看出。

现在让我们开始从最下层台地的进口开始，走进园门就得到一个非常强有力的视景。从丝杉所构成的视框中仰望直上的登道和喷泉，又在把我们的视线从〈 〉形的阶梯直引领到高高在上的庄宅建筑。这样，崇高的情绪不禁油然而生。半中的喷泉，显然有让人们暂驻而又再望上从而加强这一主轴线上视景的效果。这样一个思想主题的表现深深地抓住了我们的心。

再从平面图来分析下层台地的规划和内容。最下层的大台地（可称前庭）是一组绿丛植坛，其中心为一圆形小喷泉。圆形小广场的周边配植有高耸的丝杉。这组绿丛植坛的边是四个正方形小区，密植着阔叶树丛。这样使得中间的植坛群更显得明亮。

这个前庭部分在16世纪后半叶时原状与上述不同，根据早先原图来看，进园门有长廊和凉亭，两旁有式样同但形体小的便门和凉亭。最外边四个正方式小区，原是用植篱构成的小迷园。

前庭的前面是一组共计4个长方形的水池，但末端的水池和半圆形喷泉合成一池。池水平静如镜，倒映出斜坡上树丛的丽影。尽东头斜坡上另辟一小区，有阶梯上登。这个小区的主体是水风琴，流水汇成小瀑布倾注到贮水池中，瀑布的吼声和淙淙流水声正好形成对比。这组水池的尽西头，据原图来看，应另有一个突出成半圆形的小区。但今日无残痕遗迹可见，也许当时就未建。

池后有三条直上的阶梯，道旁高大的树木成荫。斜坡划分成4个方形的小区里也都种植有高大的树木。从正中的阶梯上登，到第二层斜坡部分，辟出有小块场地，中为龙头喷泉，西侧怀抱有环状阶梯。再上除了正中的依台坡层次而作的阶梯外，两旁为横写水字形登道。这一部分的东西两头，各辟有一区。

东头的一区以理水为主题，依坡用巨大的凝灰山岩石块堆叠成壁龛，顶上是Pagasus可以承受水的冲击，岩壁下半绕着椭圆形贮水池，后背是半圆形的柱廊，柱间为壁龛，中有雕像。

尽西头半圆形突出部分的一区，建造有像傀儡戏演出那样的一个市镇的缩形。当中坐着即位的Minerva形体大，它和其他模型式建筑在比例上不相称。这个小镇盛气地命名为Rome Triumphans，其下有一个水底部分包括有一个喷泉和环水轴转动会鸣叫的鸟。

这两区之间的联系就依靠着自东向西的在挡土墙下的一条狭径。狭径的南面，是上下叠成阶梯一般横流着的三条小运河。在小运河的边岸上陈列有各种雕塑品，例如小船，怪诞的物像等。隔相当距离有缺口，使溢水从上面的小运河流到下面的外流运河里。这里另有特殊的装饰物。

以上的描述虽然把庄园的概况介绍了一下，但不足以道出埃斯特庄园的另一特色，就是各式的理水及其音响效果。从理水的方式上，有喷泉、水池、水戏，有水风琴、小运河等。从音响的效果上来说，有喷泉的短促音调，有瀑布发出的巨大吼声，有缓流的轻微叹息声，有湍流的急促高音，有水池的微波淙淙声。这里充分利用了充裕的水源来创作各种理水，使全园充满了水的乐音，怒吼低鸣交织成一首水音交响曲。

从植物的配置上看，丝杉的运用确当，使整个庄园的线条表现突出，更为优美。在最下层台地部分高耸的丝杉和低矮的绿丛植坛的对比作用是良好的。丝杉所构成的框景也是美好的。园的外围有厚密的阔叶树丛，使全园浸在绿荫森森的气氛里。

最后应当着重指出的就是由于主轴线的处理使得建筑和台地贯穿而结合成为一个整体。

法尔奈斯庄园（Villa Farnese，Caprarola），这个园是红衣主教亚历山德罗·法尔奈斯（Cardinal Alessandro Farnese）的庄园，它位于罗马以外 40 英里地方，设计者是建筑师维尼奥拉（Giacomo Barozzi da Vignola），始建于 1547 年。

这个庄园的主体建筑原是由桑迦洛（Sangallo）建筑的一个五角星式堡垒建筑物，位于中层台地，经维尼奥拉改建设计时，把五角形的建筑物改为游息的居住建筑。在这个建筑之上的台地是主园部分，布局严正，在其下的台地，改建成为高贵华丽的部分。

庄园进口是一方形广场，广场中心为一圆形喷泉（图 3-13）。然后是缓倾斜坡，两旁为高墙壁龛洞府合围成一个甬道，装饰高贵华丽。登道分在左右，中间是蜈蚣形承水槽，登道尽头是一个椭圆形广场（图 3-14）。怀抱在环形登道之下的是一个珠帘式瀑布，下注入半圆形花洲式水池。中层台地的正中为主体建筑，建筑物前和左右是格调严正的绿丛植坛（图 3-15）。主体建筑的楼上部分与上层台地的地面平。主园部分划分为两区。

兰特庄园（Villa Lante，Bagnaia），是 16 世纪中叶（1564 年）建造的庄园中比较完整地保存下来的名园之一（图 3-16 ～图 3-18），从平面图看，大抵分为四层台地。最下层台地是以绿丛植坛为主的前庭；第二层台地主体是别墅建筑；第三层和第四层台地是以理水为主题的主园部分。

首先引起我们注意的是中层台地上的别墅建筑并不居中，而设计为列在中轴线左右的两幢楼，使轴线上视景不致中断，这是第一个特色。

进了大门，展开在眼前的是装饰图案精美的绿丛植坛群。正中方形庭地的中心为一圆形喷泉和 4 个四等分的水池。这组水池区的外缘围有精美的护栏和饰盆。圆形喷泉的中心是精美的群像，四位裸体青年高举着手臂托着一个冠冕（Arms of Montalto），在冠顶有一个光芒四射的星，

图 3-13 法尔奈斯庄园入口广场

图 3-14 法尔奈斯庄园蜈蚣形石砌水台阶

图 3-15　法尔奈斯庄园中层台地花园

图 3-16　兰特庄园平面图

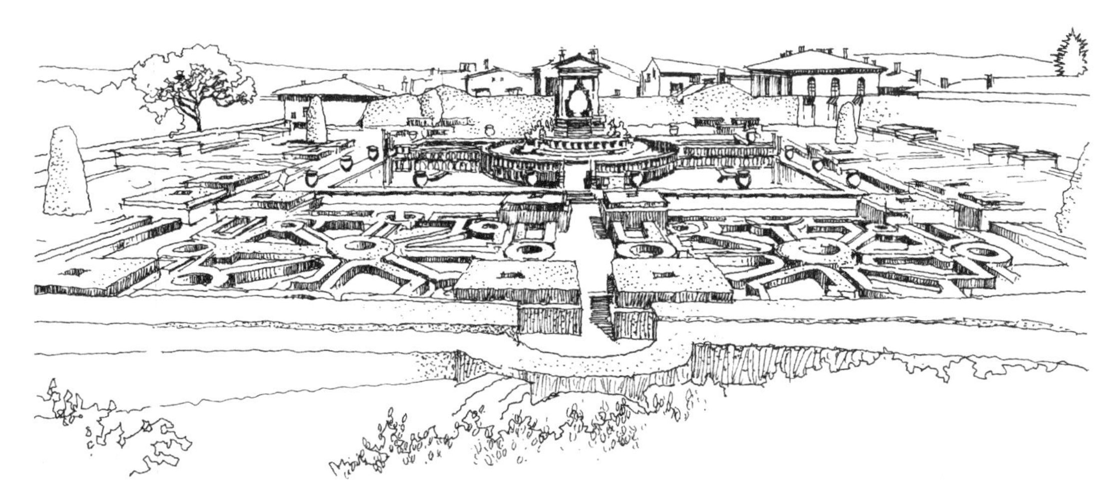

图 3-17　兰特庄园底层台地花园

图 3-18　兰特庄园鸟瞰图

泉水池里的四角各有一个小舟，舟上有一剑客。水池区四周的绿丛植坛都围有低矮的木栅栏。这个前庭部分，除了在外围有为了与市镇隔离的高墙外并无大树，使整个前庭处在阳光的闪耀下。

第二层台地的分列左右的两幢别墅建筑，依坡而筑。楼后开始有了庭荫树的种植。楼后的长条园地依坡而设，居中部分是一个喷泉，两头的方形园地里栗树成林。依坡的挡土墙分为上下层，有柱式构造物，柱间为鸟舍。

第三层台地为主园部分。视景的纵轴线上为一个狭长条的贮水池，尽头为三级溢流式的半圆形水池。池的后壁左右有两个巨身河神像，中为守望楼。第四层台地的中心部分为巨型蝲蛄（Crayfish）雕塑，从它的爪部流出水，而它的身体就是一个狭长的运河直引到下面半圆形水池。最上层台地的中心部分是一个八角形喷泉，形式优美，四周有植篱和座椅。全园的终点是居中的一个洞府和伸着两臂一样的凉廊。洞府内安置有丁香女神。这个洞府也是贮存山水以供全园水系的水源地。凉廊的两边又有定廊式，鸟舍外覆铁丝网，内种植树木。

小结：总的说来，16 世纪后半叶的意大利庄园，在结构上为台地园，格调严正。各层台地之间及各层台地本身的各区划部分，都能相互联系而成为有机的构成部分。贯穿联结各个构成部分的线索是中轴线。从各个庄园的平面图都可以看出明显的中轴线，依着中轴线左右前后对称布局。这些显然是运用了建筑设计的原则。在内部形式方面，不论是中轴线的，或轴线的延伸部分的，风景线的焦点线局部的构图中心，其主体不外是理水的形式，或为喷泉、或为水池、或为运河、或为承水槽、或为雕刻品、或为壁龛。各种技巧的，别出心裁的，意象上刻意加工的各种理水方式，表明理水的技巧达到了高度的成就。不但如此，还十分注意光和暗的对比，水的闪烁和水的乐音、水中倒影，相互渗透，交织成一幅幅美丽的水景，这种以水为主题的景色，成为意大利庄园中主景。

四

文艺复兴后期的庄园

到了16世纪末叶和17世纪，正是建筑艺术上已发展了巴洛克式（Borocco Stile）的时期，庄园的内容和形式也起了新的变化，巴洛克式的产生正是由于已成法式，清规戒律的束缚使艺术趋向于无生气，因此反对保守思想，反对墨守成法，而要求更自由更自在的创作。

爱好自由生活的意大利人，对于城市发展后形成的狭窄的街道，拥挤的牢狱式住房，感到很不耐烦。远离繁杂的城市享受更自由自在的园圃生活的意愿日益增长。于是在罗马的郊区托斯卡纳（Tuscany）地区建造的庄园又成为一时的风尚。这个时期庄园的设计，尽力地摆脱旧的规律，表现新的意向，同时更刻意致力于技巧和装饰。

16世纪末叶和17世纪初叶以后建筑的，迄今规模尚存的著名的庄园有阿尔多布兰迪尼庄园（Villa Aldo-brandini，Frascati）、伊索拉·贝拉（Isola Bella，Maggiore）、托洛尼亚弗拉斯卡蒂庄园（Villa Torlonia Frascati）等。17世纪中叶和末叶的有多纳达勒玫瑰庄园（Villa Dona Dalle Rose Volzanibio）、戈里庄园（Villa Gori Siena）、杰吉亚诺庄园（Villa Geggiano）、加尔佐尼庄园（Villa Garzoni，Collodi）等。

这些庄园的主题都是要产生明快如画的美妙的意境。这个时期的庄园里，细部对称的运用，几何形图案和模样花坛的运用，显然已占主要地位。或者则是以大门、台阶、壁龛作为一个视景焦点的处理已达于极端。往往把园中一个局部单独来看时，即个别的主题表现，是非常优美的，但往往由于过分的刻意雕琢和明显的独特，反而跟四周景色不能协调，或与总的布局不能和谐。

五

意大利台地园风格的总说

由于历史的和社会生活的条件，意大利的造园继承了古罗马庄园的传统，而给予了新的内容。新兴的资产阶级，靠着贸易和剥削工场手工业的剩余劳动力，积累起财富，依靠职工的帮助，取得了城市的特权。他们的奢华生活，与古罗马执政者贵族的生活没有多大区别。正如古罗马的西赛罗（Marcus Tullius Cicero）所说那样：一个人要有两个家，一是作为城市公民而在城市里居住的家，一是为了自己自由自在的生活而在家乡的家。城市的迅速发展使得城市之家只是到城市里办公时所居之所，真正生活的游息的家是在郊区山上。由于社会的经济基础及其上层建筑思想意识形态的要求，使他们醉心于古罗马的一切，艺术上的古典主义，成为艺术创作的中心源泉。

意大利国土是在欧洲大陆南端凸出在亚得利亚海的一个半岛上。国内山陵起伏（主要为西北东南走向）。国土北部的气候同欧洲中部温带地区的气候。冬季有从阿尔卑斯山吹来的寒风。夏季里在谷地和平原上的气候是非常不舒适的，既闷又热。但是在山丘上，即使只有几十米海拔高度，白天可以承受凉爽的海风，晚间也有来自山上林中的冷凉气流而凉爽。这个地形地理气候的特点，也正好说明为什么意大利的庄园大都筑在面海的山坡上。

由于地形和气候的特点，把庄园筑在山坡上，就产生了在结构上称做台地园（Terrace Garden）的形式。当地运用这一地形结构辟出台地，并灵巧地借景于园外（明媚的远景），因此邸宅的位置往往安排在中层或最高层台地上，并有既遮荫又便眺望远景的拱廊。意大利人爱好户外生活，新鲜的空气、充分的光线、凉爽的微风，比在室内更是舒适。可能正由于这个缘由把园地看作是室外的起坐间，当作建筑的一个露天部分一般处理，自然就采用整齐的格局和建筑设计的原则。各个台地内部形式的规划，大抵采用方与圆的结合。在低下台地部分多用绿丛植坛，表现图案的美，这也正是形势使然。

由于气候闷热和地理条件的特点（北部山地泉水丰富），台地园的设计上十分珍视水的运用，既可增进凉爽又可使园景生动，于是在理水的技巧上，有各种新的创作，而且发展了光和荫的对比作用的运用，因为天气闷热，在植物材料的配置上避免用色彩光亮暖色的花卉。在树木方面充分利用意大利国土特产的丝杉、石松、黄杨和冬青等常绿树木。处处森林绿荫和绿丛植坛就成为意大利庭园植物题材上独特风格的表现。由于台地园结构上的需要，登道、台阶等的运用十分需要，因此也发展了这方面式样上的丰富多彩。

意大利的庄园既然都是位于郊野山丘上，即属于天然环境里的庭园，但在台地园的规划上，又采取了整齐格局的式样，这两种性格，整齐格局和天然风景如何统一起来，就成为意大利造园迫切需要解决的一个课题。达到这种效果的手法，是值得我们珍视和吸取的。

使格局整齐的园地和周围自然环境相和谐的最自然而然的手法，是运用大小比例感所引起的对整齐格局感觉的消失。在从园地里眺望原野直到辽远地平线天际的视觉中最易感受到这种感觉的消失。因此，一般的处理上，先引到有着严正格局的台地部分，然后踏上登道升到半高层或最高层台地眺望远景，这时感到自然襟怀的伟大，于是仿佛置身在大自然的怀抱中一般。

另一个手法，往往从建筑部分开始，逐渐减弱整齐的风味，如同水滴那样从中心外扩逐渐消散于无形之中一般。所以，整齐格局的台地外围常是整形种植的方畦树丛（Bosco），然后是园外的天然树丛，这就是把园地逐渐融入到周围的大自然里的手法，或者运用相反的手法，把周围大自然引入到庄园里。例如兰特庄园（Villa Lante）曾经作这样一个尝试而得到成功，就是把激昂的溪流从林地里引进来涌流到最高层台地，然后顺着中轴线依次流下，到低层台地的长方形水池里。

变形的处理手法，是从建筑物前到远景的视线上用行列式树丛构成风景线，从而把人们的视线引到天然景色上，而仿佛置身在大自然中。例如多纳达尔玫瑰庄园（Villa Dona Dalle Rose）从建筑开始运用到树种植方式穿过园地直到园的尽头的山丘上，又例如邦比奇庄园（Villa Bombicci）里用高大的丝杉行列构成视框，从而把人们的视线吸引到辽远的天然景色上。这样一方面借景于园外（把外景吸入园中），一方面在眺望自然风景之中使整齐格局的感觉无形中消失。

最突出的成功的例子是托洛尼亚庄园（Villa Torlonia）运用的手法。进园以后来到最低层台地部分。这里很宽畅可容纳众人的欢聚。然后登临石梯样的台阶而到了完全是方畦树丛（Bosco）构成的台地。这儿是一片冬青大丛林把一切都吞没，仿佛就是在深密的森林里。正中是一条庄严的林荫道，道路的尽头那里潜匿着最深的意味，全园的焦点。走到路尽处豁然开朗，一片大瀑布从最高层台地上形成四叠式倒泻下来，怒吼的瀑布闪耀着阳光，多么雄伟的壮观啊！那些成（ ）形的瀑布岩床的结构物是整形的，后面的护墙和洞府建筑的雕饰虽然也都是整形式的，但由于整个意境好似是大自然深密森林中的天然瀑布一般，这种整齐格式的感觉在无形中消失了。

水在意大利造园中是极重要的题材，既是增进凉爽的因素，又是构成优美景色的重要题材，应充分争取和运用它。理水的式样是多种多样的，又各有特点。有了水池这个因素，整个景观就会焕然改貌，变得灵活生动起来。水面能够倒映临近水池的景物，这些景物的线条体现在水的倒影中，显得格外柔和与美丽。

意大利造园中对于水的处理，是尽可能归汇所有水源使水量充沛，然后结合地形来运用水，从而有各种理水方式的表现。大抵在最高处有汇集众水的贮水池（或就在洞府内），然后顺地势而下。在地势峻峭高下差大的地段，可以有瀑布；在台地分层为界的地方，可以有溢流的处理；坡度倾缓而又长的地段，可以有承流或急湍的设施；在下层台地部分，可以利用高下水位差，而有喷泉的设施；在最低层台地，又可把众水汇成水池；顺着等高线可以辟小运河等等。这种理水方式，又可以各自有众多的变化式样，使格局整齐的台地园园景富有变化，而在变化中又能求得统一性的表现。至于容水的结构物本身，在外形装饰上、安置上常是优美的艺术创作，作为池或泉的中心的雕像，常是优美的艺术作品。

不但如此，意大利造园中在有理水方式的局部，常充分利用植物的配置和光的作用，而有阳暗对比来加强水的景色的表现，往往又更进一步，运用各种水的乐音组成乐曲，成为庄园的一个特色。例如：埃斯特庄园有各种水的乐音，好像一首交响曲一般。从最高层台地开始，急湍的奔腾发出强有力的音响，是第一乐章《活泼的快板》(Allegro Vivace)；缓流和帘瀑配合优美的雕塑作品是第二乐章《行板》(Andante)，最优美的主题；然后到最低层台地的平静水池里倒映出美丽的景色为第三乐章《快乐》(Allegro)。

意大利造园中对于植物题材的处理也有它独有的特色。首先是格局整齐部分的模样绿丛植坛（Parterre)，它是矮篱形式的黄杨等构成几何形图案。这种做成各式图案的模样是一种平面的形象，只有从高处俯望时才能明显地呈现出来，所以模样绿丛植坛可说是台地园的产物。为什么无色彩富丽的花卉，而用加以整形修剪的常绿灌木来组成？大抵与意大利的气候有关。意大利的国土上阳光是如此的闪烁耀目，光亮的花卉色彩会更形刺目。意大利国土里庄园的要求，是凉爽的情调，而绿色植物正是给人以既舒适悦目，而又有凉爽之感的题材。

也正因为阳光强烈，“处处绿荫”就成为意大利台地园组织上一个非常必要的布置。意大利庄园中园路的两旁往往用丝杉或其他树木成行列式配置，不仅是为了构成风景线或为了整形的表现，而且是为了构成绿荫。最显著的例子是戈里庄园和多纳达勒玫瑰庄园里的园路。在这两个庄园里，从一个地点到达另一个地点，以及环绕全园，几乎完全可以在绿荫之下行走。一般情况下，至少到达主要建筑的一般园路必有绿荫。方畦树丛（Bosco）的布置也是常用的手法，这不仅增加绿荫，同时也是使格局整形的严肃性得以和缓而感到舒畅的一种手法。例如贝纳迪尼庄园（Villa Bernardini)，在园路两旁用对称的方畦树丛来代替行列树或植篱，使这个局部有舒畅开朗之感。至于托洛尼亚庄园（Villa Torlonia)的主要台地如前所述几乎全为方畦树丛组成，更是一个突出的例子。

卢卡（Lucca）地区的庄园，喜用修剪成各种形态的冬青植篱来组成庄园全局的图案表现。例如加尔佐尼庄园（Villa Garzoni）运用了高大的黄杨植篱列在道路的两旁来划分全园，这样也构成了可以在绿荫里环行全园的路线。不但如此，许多地点还把植篱顶面修剪成波状起伏，增加了韵律的意趣。到了文艺复兴后期，对于整形修剪的植物题材的运用更为发达，把植物剪成各种建筑体形的式样，作为装饰点缀。或在绿丛中矗立高伟的圆柱状树木，好似纪念柱或纪念碑。或在分叉口地点把植篱修剪成门柱式样。或在一定的地点把整个植篱作为凸出的或凹入的绿色背景。或在一定的地点，有修剪成各种方、圆等几何形体的植株来点缀。这种绿色几何形体若能恰如其分地运用是可以有加强线条的表现或特殊装饰的意义，但若过分的矫揉造作，甚至剪成各种鸟、兽、房、亭以及人形等绿色雕塑物像，往往易流于庸俗。

既然处处是绿荫，如绿色的色调又同一时，会感到单调的，意大利庄园里对于运用明暗浓淡不同的绿色配置十分重视。例如，甘贝亚庄园（Villa Gamberaia）从建筑部分的灰白色和棕褐色的色相转变到有各种明暗浓淡的绿色植物。从浓暗的丝杉通过黄杨、冬青、女贞而逐渐过渡到淡绿色的柠檬，这样由暗至明、由深到浅的色调变化，就能产生层次的效果。

由于意大利庄园在结构上是台地园，台阶的设计也占踞一个重要地位。台阶的式样和变化众多。应根据不同的主题要求，因地而异。为了表现崇高的情感，可依势筑直上的云梯式蹬道并以跨步小而稍高的阶级为合宜。又例，埃斯特庄园的园中在坡度缓但长的斜坡部分，以用跨步大而阶级稍低的宽阔的蹬阶为宜。这种宽阔的蹬阶常是在中轴线上，在开朗的或比较开阔的部分应用。台地之间的高度较大的部分，以采用折上的阶梯蹬道为适宜，由于上下高差大就需要有堡坎的结构，其下可作洞府，或坎前筑池。蹬道折上的式样也有多种，或为直线条的〈 〉形、〔 〕形，如玛达玛庄园（Villa Madama），皮亚庄园（Villa Pia）里的蹬道，显得庄重整齐；或为曲线形环状登道，如卡普拉罗拉庄园（Villa Caprarola）里的蹬道就显得灵活华美。

第四章

17-18 世纪
法 兰 西 园 林

一

法兰西的园林传统

16 世纪初叶以后，意大利人和法兰西人经常在战场上见面。先是法国的查理八世（Charles Ⅷ）为了索取那不勒斯（Naples）王国而侵入意大利（1494 年）。到了路易十二（Louis Ⅻ）时候迫使佛罗伦萨参加法兰西的同盟，共同对威尼斯（Venice）作战。以后法兰西斯一世（François I）又侵入意大利，想实现他索取米兰（Milan）王位的愿望，但遭失败，并在帕维亚之战（War of Pavia）中被俘（1525 年）。法兰西斯虽然在战争上未能如愿，但由此而接触了意大利文艺复兴的新文化。这位皇帝爱好建筑，在返国时带回了意大利建筑师。意大利文艺复兴时期的建筑形式也从此开始传入法兰西。

但在传入的初期，法兰西固有的建筑传统，对于这个外来的建筑形式是不相容、对立而相抗拒的。当时只有在细部装饰上受意大利文艺复兴式的影响而有些微改良。在造园方面的情况也是如此。当时法兰西的宫庭，沿卢瓦尔（Loire）河岸，宫庭建筑还都是城堡式的。城堡式庄园布局仍然继承中世纪的传统，只有在沿着城墙边的方形地段上有意大利模样绿丛植坛的布置方式。这种绿丛植坛的采用，并不像意大利庄园那样，跟全园构图和主要建筑发生联系。这种外来式样的采取，只是为了一时好奇，为了夸耀而当作样品陈列在城堡式庄园里。

当时在法兰西的园林传统上至少有两点特征是值得重视的：一是森林式栽植；一是运河式或湖泊式的理水型式。

称做法兰西传统的森林式栽植，不同于意大利的方畦树丛。当时法兰西的庄园，一般在城堡外围还保存有大片的森林作为庄园的园林部分。彼时法兰西的上层阶级爱好狩猎游乐生活，为了便利打猎，在林区里辟出许多直线形的道路，用放射的和横向的互相联络的路线组成网状路系，在林区里辟出直线形道路，自然而然构成了视景线。

由于法兰西国土的绝大部分是在欧洲大陆的中部平原地区，有大的河流和湖泊，因此，在庄园中采用像河流一样长的运河和湖泊一样的湖池，就成为法兰西造园中理水的主要形式。

在平原上有着城堡式官邸及其周围的林区所构成的庄园与丘陵上意大利台地园的结构完全不同。要在平原上堆筑台地，搞跌水、急流、瀑布等理水形式，自然就格格不入。因此在开始传入外来形式的时候，只是局部采用模样绿丛植坛也是很自然的。

16 世纪时，法兰西的贵族和封建领主有各自的领地，有供奴役的永佃农。佃农的每块土地、每间房屋、每头牲畜，都要向贵族缴纳捐税。因此封建领主就有了剥削农奴劳动而积累起的财富，他们管辖着环绕在封建领主城堡周围的土地和人民，掌握着法庭及一切与之相关联的警察职能，而自成一个小天下。

到了 16 世纪末叶，巴黎这一城市逐渐重要起来，法国的宫庭中心也逐渐从卢瓦尔（Loire）河岸移到巴黎附近。许多贵族也随着转移他们日常居住的官邸，于是许多新的官邸和庄园就在巴黎附近建造起来。这时法兰西贵族所追求是穷欢极乐的生活，举行各种各样的宴会集会。对于这样一种新的生活方式，城堡式建筑的庄园，自然是不合适的，当然不再有照此建造的必要了，于是意大利文艺复兴式庄园就能在法兰西的新的政治中心盛行一时。

这个史实正说明了一个民族如能接受其他民族所产生的艺术形式，是因为这一形式能够反映他自己民族的生活和现实的缘故。

二

17 世纪勒诺特式的产生

17 世纪后半叶，从路易十三开始。国王战胜了封建诸侯而统一法兰西。17 世纪时，法兰西已在美洲掠夺了大批的殖民地，如加拿大、路易斯安那，并开始征服印度内地诸州。在路易十四时（1661–1715 年），法兰西在欧洲大陆上夺取了将近一百块小领土，建立起君主专制的政体，他曾经这样自豪地说："朕即国家"。当时的法国及其殖民地向一切欧洲国家输出农产品、葡萄酒和欧洲统治阶级所需要的奢侈品。此外，法国商人还以奴隶和殖民地商品，进行一种巨大的居间贸易，所以 17 世纪末是法兰西的极盛时代，与尼德兰、英国并驾齐驱争夺世界霸权。同时法兰西的艺术，因为没有外来的扰乱或内部的压制而得以欣欣向荣地成长和发展。17 世纪初叶以来，英国正处在清教徒（Puritans）的统治下，痛恨奢侈。德意志正陷在所谓三十年战争中（即 1618–1648 年的战争）。

就在法兰西的极盛时代，路易十四为了满足他的虚荣，表示他的至尊和权威，建造了宏伟的凡尔赛宫苑（Le Jardin du Château de Versailles），在西方的造园史上揭开了光辉灿烂崭新的一页。这个宫苑是法兰西最杰出的造园大师勒诺特（André Le Nôtre）所设计和主持建造的。由于他一方面继承了法兰西园林民族形式的传统，一方面批判地吸取了外来园林艺术的优秀成就，结合法兰西国土的自然条件而创作了符合新内容要求的新形式，具有独特的风格，通常就把这个时期法兰西的苑园形式尊称为勒诺特式（Le Nôtre Style）。

福凯子爵的“沃”苑

在凡尔赛宫苑建造之前，一个具有新风格的苑园已在形成中。这就是当路易十四还年轻，尚未执政前，一位财政大臣福凯（Nicolas Fouquet）所建造的沃勒维贡特庄园（Le Jardin du Château de Vaux le Vicomte, Maincy）(图 4-1 ～图 4-3)。

福凯是一位有雄心宏图的财政大臣，在建造沃苑之前，已在他的头脑中形成了这样一种意图，就是要在法国人生活中掀起一种闻所未闻的呈现伟大场面的集会、宴乐的生活方式。他在家乡默伦（Melun）地方建造了一幢官邸叫做“沃”(Vaux)，同时为了要在这幢官邸周围有一个广大的苑林，就买了三个村，把它们拆毁，后来用于建造沃苑。

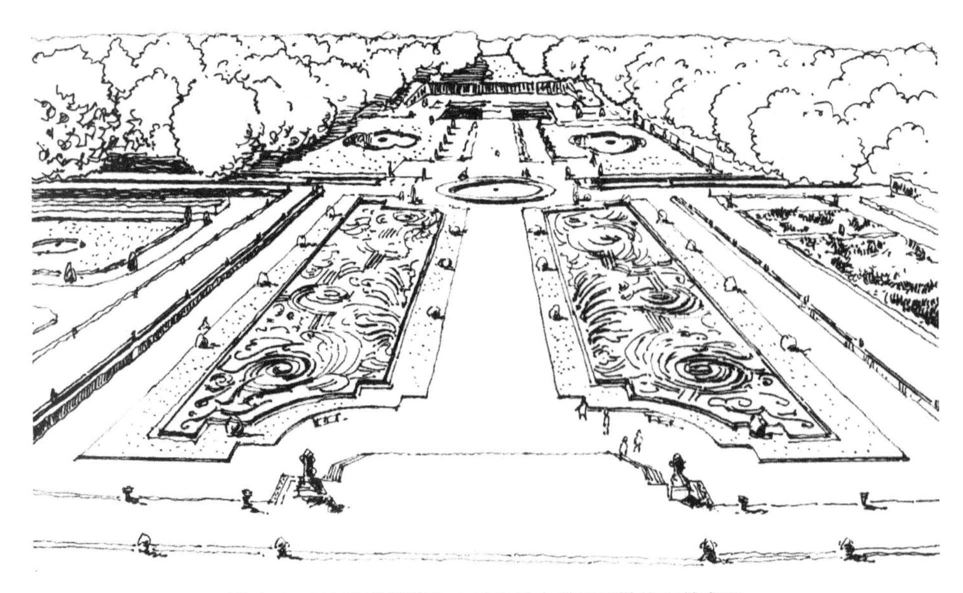

图 4-1　从城堡后面濠沟内的台阶上眺望沃勒维贡特庄园

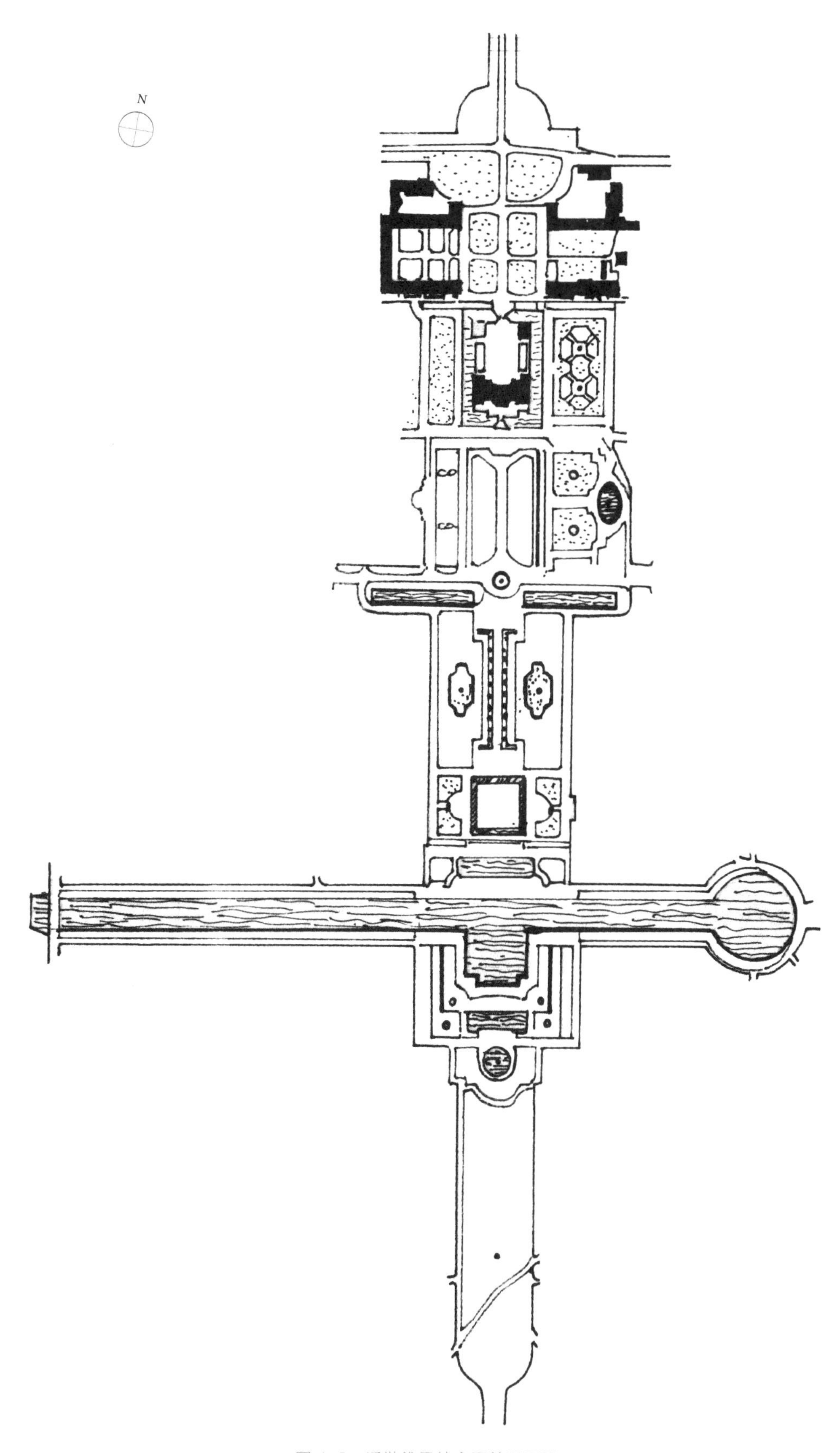

图 4-2　沃勒维贡特庄园总平面图

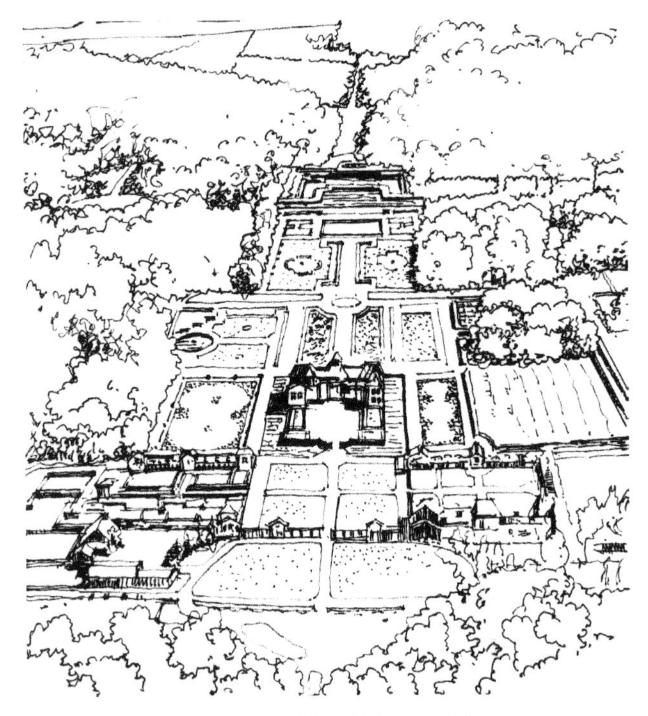

图 4-3　沃勒维贡特庄园鸟瞰图

这幢精美的官邸是当时盛行的城堡式邸宅，四周挖有宽阔的濠沟，这种邸宅通称水堡（Watercastle）。这幢城堡式邸宅是建筑师勒沃（Louis Le Vau）设计建造的，著名的画家夏尔·勒布朗（Charles Le Brun）设计邸宅和内部各个房间的装饰。邸宅的前面是宽大的前庭，规划成半圆形，围有栏杆和格栅，一条宽大马车道直通前庭部分，前庭两边的马厩后面为厨房和菜园，城堡的后面，在濠沟以内的台阶上，建筑起走廊式阳台，从那里可以眺望到沃苑非常美好的景色。

沃苑的花园部分在官邸的基面尚未奠立前，就已开始动工。这个园的部分是由勒布朗向福凯推荐的勒诺特设计建造的，勒布朗曾和勒诺特同在西蒙·伍埃（Simon Vouet）那里学画而相识。他很羡慕勒诺特对装饰上富有幻想的才能和园林艺术方面的丰富知识，因此推荐给福凯。勒诺特意识到福凯所要求的是这样的一个苑，最重要的是要创造一个伟大的场面和丰富多彩的景色，可以从邸宅眺望到全园。要满足这一要求，就得在邸宅的前面有广阔开朗的园地，那里可以举行大的宴会，可以有各种活动、演戏和放焰火等演出，而且使每个人都能看到，要作为伟大场面的一幅生活图画需要有圆框，于是他就在这个重要场面的两旁设置灌木丛林构成圆框。为了产生丰富的变化来满足各种奢侈的企求，灌木丛中可以形成一个空间，一个个隐蔽的庭园。

四

凡尔赛宫苑

在路易十四的要求下福凯邀请了法国皇帝参加 1661 年 8 月 17 日在沃苑举行的盛会。路易十四对于他的臣下有这样一个奢华的苑和盛大的集会，感到嫉妒和愤怒，他私下就计划要在凡尔赛建皇室的宫苑，其宏伟和精美必须超过所有其他的苑。

凡尔赛宫苑不是短期内几年中造成的，而是在路易十四活着的时期不断改建、增建而形成的（图 4-4、图 4-5）。凡尔赛宫苑的所在地区，本是一片沼泽和荒野，单是为了平整地面和清除碎石等的整理工程，就使用了全部禁卫军兵士和马匹的劳力。单是为了供喷泉用水而开的引水渠道的工程，就已十分浩大。因为开始想利用就地的水源为喷泉遭到失败后，就从 7 英里以外的河流用管道引水到凡尔赛，并利用两地水位差产生水的压力，但路易十四还不满足，后来决定施行更巨大的工程，用了 3 万兵士共计 2 年时间的劳力开掘了一条运河引水。后期中，为了在柑橘园末端沼泽地开掘一个大湖，牺牲了不少瑞士籍禁卫军士兵的生命，因为那里是热病发源地。

路易十三在世的时候（据说这位帝皇的唯一爱好是打猎），在凡尔赛的沼泽地区拥有一个小型的狩猎场所。他在那里用砖和粗坯建造了一幢小堡垒，四角都有凉亭，四周是宽的濠沟。庭园部分是 17 世纪初雅克·布瓦索（Jacques Boyceau de la Baraudi）所设计的。

路易十四年轻时候跟他的父亲有同好，在 12 岁时就随父去那里打猎，对于这幢美丽的小堡垒，有着深厚的情感，因此在凡尔赛宫苑的新建计划未产生以前不愿把这老建筑拆了重建，只是令建筑师在这老建筑周围添建。

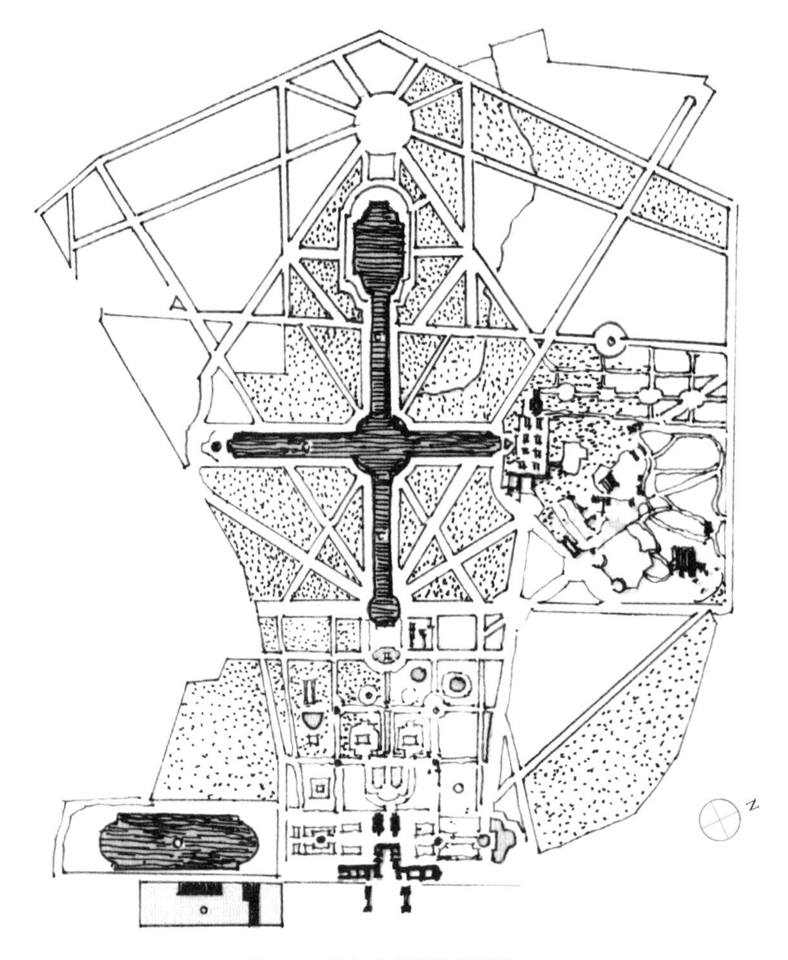

图 4-4　凡尔赛宫苑总平面图

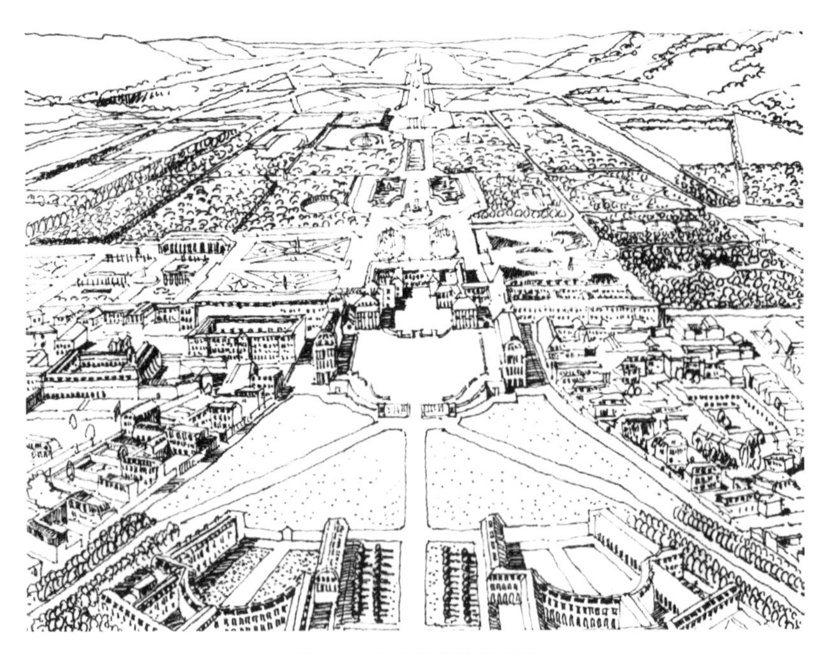

图 4-5　凡尔赛宫苑鸟瞰图

路易十四为了计划建造新的宫苑，聘请了建筑师勒沃（Louis Le Vau）、建筑师画家勒布朗和勒诺特为设计师。

开始时虽然曾就这个狩猎馆舍加以扩建，但终不能超出濠沟以外。改建后的宫邸的内部，虽然装饰得非常精致华美，富有幻想力，但建筑使用面积终属有限，而路易十四心目中计划的盛大集会，其场面必须非常宏大，在这堡垒式建筑内是无法进行的。勒诺特对于这一点，了解得非常清楚，盛会的举行必须在新扩的园地部分进行。我们也可以设想当时在勒诺特的头脑中，已预见到将来必然会有宏伟的宫殿建筑来代替这个以狩猎馆舍改建的邸宅，不然的话，他就不会胆敢把这样宏伟的园地来和小而有濠沟的宫邸相结合（新的宫邸的两翼是后来添建的）。

开始施工的前 6 年中，勒诺特的规划设计重点是从宫邸前的台地下来，以一个马蹄形的苑路导引到称做“小园林”（Petit Jardim）的部分（在福凯大臣倒台后“1662–1663 年”大体规划）。正中是宽阔的国王林荫道，长 335 米，又称做绿地毯（Tapis Verts），其两旁就是丛林园地，计十二小区。当时只有两个小区内部装饰布置计划已完成。林荫路的尽头是大型的贮水池，叫做阿波罗泉池（Le Bassin d’Apollon）。

1664 年路易十四为了祝贺婴儿的诞生，计划了一个盛大的宴会，为期一周（从 5 月 7 日至 14 日），他把台地的正面部分临时改成为迷惑之宫。这个临时性宫殿式建筑一直扩展到阿波罗水池中心的岛上。4 条林荫路通到圆形广场，像凯旋门那样的 4 个拱门入口，拱门和拱门之间是梯状座位，这样围成一个圆形剧场一般。宾客可以在那里观看各种演出，而压轴节目是焰火。

宴会之后，神幻的宫殿就在火焰中消失；宴会期中另一天在 100 米以外有一所临时剧场，用白亚麻布作帷幄，里面演出莫里哀创作的《爱丽德公主》。在濠沟里有各种水上游戏。最后一天有贵族们的彩票会。那些日子里，幸而天气良好，宴会获得很大成功。但宫庭贵宾们心中颇恼怒，因为皇帝请了 600 多位宾客，而不问场地是否可以容纳得下。

但路易十四还没有要把馆舍拆建的意图，虽然园苑部分以极大努力在进行中。宫邸前左（即南面）为模样花坛群，称南坛园（Parterre Midi），是路易十三时候雅克·布瓦索（Jacques Boyceau de la Baraudi）所设计的。其下就是柑橘园（图 4-6）（L’orangerie），也是 1664 年前就已建成的，当时这个柑橘园只有目前的一半大，不然就不能与其后的较小的暖洞型建筑相称。暖洞有 12 个拱门，暖洞前为植坛和水池。到了天

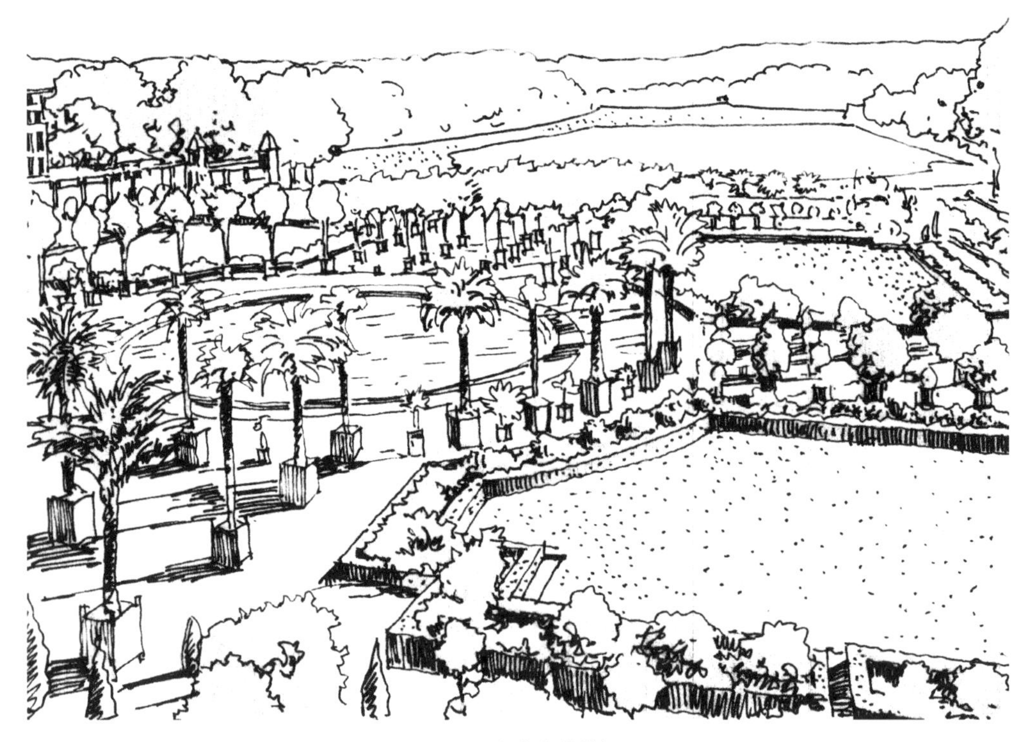

图 4-6　凡尔赛宫苑柑橘园

暖日丽时候，柑橘树就从暖洞里搬出来。这个南坛园和宫邸前的台地有栅隔断。当宫邸初次扩建时还保持原状，直到 1678 年改建宫殿并添两翼时，才把这个区扩大了一倍，而且一直延伸到瑞士湖的一边为树木园和蔬菜园。

宫邸前右即其北面部分，早在 1664 年就已有了大型绿丛植坛的布置和巧妙的理水设计。从一个小圆形水池，称做山林川泽仙女泉池（Bassin des Nymphée）开始修到一个大型贮水池称海神尼普顿泉池（Bassin de Neptune）为终点的一条路叫做水光林荫道，又在两大丛林区之间。林荫道的两旁是一系列儿童雕像群，至于丛林区的内部设计，最初改变的时候还不是现在附图的设计那样。

宫邸之北的这一区早先有当时最精美的建筑之一就是路易十四早期所建的洞府（Thetis）。它的位置就在目前宫殿北翼的小礼拜堂部分。洞府的设计建造者是从意大利来的弗兰西尼（Francini）兄弟。他俩尽可能搜索了附近地区每一滴水，引到洞府顶上的贮水库里，然后供作洞府内三间洞室墙壁上泻出的千缕百丝的渗水和一个喷泉的水流。洞府的进口为 3 个狭门式洞门和镀金铁制的门孔，门孔上的装饰是从太阳射出金光到大幅奖章式的世界地图。在 3 个拱门之上可以看到一件长幅浮雕，描写太阳神（Helios）来到洞府，并受沼泽女神的迎接。洞府内部装饰也是非常精致的。到 1675 年时，洞府内安置了三座雕像，正中是斜躺着的阿波罗神为女神们围着的群像，左边和右边是 Triton 在先的太阳之神的四匹骏马的群像。

宫邸前的台地部分的设计是勒诺特最伤脑筋的部分，而且曾经多次改变设计，开始从跨过濠沟的两旁有栏杆的吊桥有一条路引到规则式模样的绿丛植坛，这是布瓦索所设计的。当时，勒诺特并未加以变动，到了 1666 年才决定加置台阶，使宫邸前台地具有巨大面貌的特色。原先只是半圆形微倾的坡道下引到拉通娜植坛区（Latona Parterre），通常把这一小区称做马蹄铁区。那时，国王林荫道的起点和终点都是水池，池中有雕塑群像，企图给予这个宫苑的中轴线以特色和韵律（图 4-7）。

在这个马蹄铁区的水池中的雕塑群像，描绘了拉通娜（Latona）之子的出生。这位女神站在岛上，双生子就在她的身旁，她在向朱庇特神（Jupiter）祷告，祈求神降怒拦阻粗暴的人们。这些人半立在下面的水中，手指着拉通娜，嘴中喷出水柱抛向拉通娜。池周围边上有许多青蛙，青蛙嘴中喷出水柱抛向池中，这是最初设计的情况。但后来把蛙的喷水改为直上的，以致喷水时像一座水山。国王林荫道的尽头是大型水池（其中心曾是迷惑之宫），水波中年轻的阿波罗神及其 4 匹如火样勇猛的骏马正半露涌出水面。Triton 在一旁吹着号角宣告新的一天的晨光来到阿波罗水池后面的沼泽地区，当时人们正在努力挖掘大运河。勒诺特的这一大运河设计是一直一横相交成十字架状。直的一条运河，从池后的起点开始，直向前伸长 1560 米，河道宽 120 米。十字的横臂即横向的运河，长 1013 米。这条运河设计的实际意义，是为了宫苑低洼沼泽地部分的余水能够得到排泄，也就是把许多小河沟和池沼汇合成这个大运河。这个十字架式大运河的设计给予了宫苑以一个范围宏大和宽度的比例感（图 4-8）。这种比例感也只有广大的像镜一样的水面才能具有。大抵勒诺特在创作“沃”苑里的和“枫丹白露”（Fontainebleau）里的运河的经验中已产生了大运河的设计意图。

1668 年因赢得遗产战争（Peace of Aix），路易十四举行了盛大的庆祝。这次集会较诸 4 年前的一次更为奢华。但在 1668 年的凡尔赛宫苑中，路易十四能安排的也还只能是娱乐性的活动。“小园林”部分的轮廓和可供演出的场所已经形成。但 12 个丛林区，除了两个区之外，其他的区在当时只是单纯的灌木丛（Massif）和在丛林中辟有步道而已。其中之

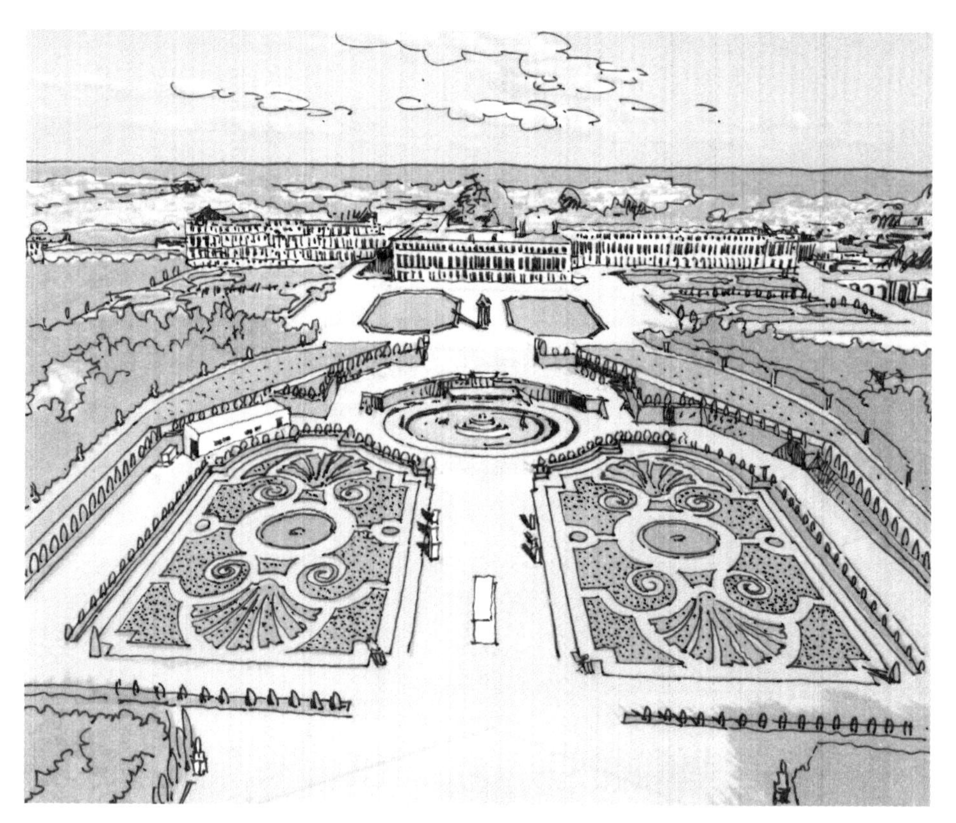

望向宫殿方向

宫殿望出方向

图 4-7　凡尔赛宫苑中轴线

图 4-8　凡尔赛宫苑大运河

一，内部装饰已构成，称做水山园。因为在中心点的圆形水池里涌起像山一样的水柱，或称做星园（L′εtoile）。因为有通向圆形泉池的 5 条步道相互间又连接而成五角星状。圆形池的四周围以花架，皇亲贵戚就在这里用早餐。星园里也装饰有各种饰瓶，柏木制的拱廊和雕像。从这里可以到达 4 个设在十字交叉点的剧场之一。

路易十四特别喜好的是前述的洞府（Thetis）。他常用它作各种音乐演奏场所的背景。1668 年 5 月里的其他的欢乐节目，晚餐和庭球戏等大都在 4 个十字路交叉点上举行（或在 Flora 泉池和 Ceres 泉池举行）。这些地点，经艺术家的布置，变成奇异的全是绿色的露天房间，房外房内并用喷泉雕像和布幕来装饰。宾客们都称赞说，花园变成宫室，宫室也变成花园（因为宫室房间中也有喷泉和花卉）。

1668 年的这次盛会后，路易十四格外感到这个狩猎馆舍虽经增建但房间仍嫌过少，展不开来，决心要加以扩建。他给勒沃（Louis Le Vau）的任务是：要不动原建筑而扩建。于是勒沃就提出把濠沟填没，他所设计的新建部分就造在这个填沟和原来沟前的台地部分。这样两旁的绿丛植坛部分也可不动了。从此在这个法兰西宫苑里就不再见到文艺复兴期前的环绕着城堡的护堡濠沟了。

1668 年这次盛会的举行，对于凡尔赛宫苑的前景也有很大影响。因为勒诺特从经济上感到这种临时性（易毁）的绿色户外场所最好能成为较永久性的作盛会用的户外房间，而且经常在手头准备有新奇的设计作新的盛会用。为此，后来称做“小园林”的十二丛林区是可以更好地加以充分利用的。于是在 1669–1674 年间他就把阿波罗林荫路以北的十二个丛林区都加以布置起来。

有着一系列儿童雕像的水光林荫道两旁的两个丛林区已布置起来了。两边的丛林区中大都是以栅栏架子（Treilles）为境界的。水光林荫道的造影主体称做“水构凉棚”（Berceau d'eai），也就是在甬道一边有众多喷水口，水柱拱形。人在水拱下行走不会受到水湿。另一边也是一系列水柱和海豚。右边的那个区称做“三泉丛林”（Les Trio Fontaine），在它的轴线上有三座美丽的喷泉。

在那些年月里，勒诺特和其他艺术家像发热病样热衷于工作和进行新的设计。要想博得久易生厌和喜变的宫廷的欢心，就必须不断有惊奇炫异的设计产生。那时负责理水技巧的专家的困难最大，因为无穷尽的喷泉需要巨大的水量，而新的喷泉还不断在要求。自从 1668 年之后，4 个十字路交叉点上的惊异的喷泉都建立起来。在喷泉池中的 Flora、Ceres、Bacchus 和 Saturn 雕像是今日少数尚遗存的雕像中的几个。在各个丛林区里需要有更多的雕像来装饰，因此雕像家的工作也是极其繁忙的。

在北部的丛林区中，“水光剧场”（La Theatre d'eau）是最受称赞的、最富有艺术性的布局之一。它是作为永久性的露天绿化剧院来布置的。有一个半圆形舞台，台后有 3 条高起来的放射线路好似星芒一样。每条路的中央部分是水梯和多组高喷的水柱，两边为狭的步道。

这 3 条放射路之间的部分为高大的树丛，使整个舞台的背景在暗荫中，在起点相交的两个角内特设有两个明泉，背后是栅棚。舞台前为圆形水池，花边喷水口可喷出一列水柱，观众厅部分的池座的外围有像圆形剧场那样成梯状铺草皮的座位。

勒诺特的最引人的布置之一是迷园的规划。这个迷园部分是在 1674 年完成的，那时拉封丹（Jean de La Fontaine）已向法国介绍了伊索寓言故事（Aesop's Fables）。在这个迷园的入口处勒诺特设计了伊索像，在它的对面立着希腊寓言的翻版。意思是说：进迷园的为伊索所诱引，而伊索是引路人。在错综复杂的路径上，每一交叉点上有一个喷泉和取寓言故事中一种动物的塑像，总共39个不同样式的喷泉，都很美丽而又有趣。当时人们正在寻求迷园的新布局，而在这里正有着各种迷惑物。游人在每一拐弯地方看到一幅新的美丽的图画。这些点上的动物像都是铅铸的，并添以天然韵包。这些点上的喷泉，都是用有色的岩石和贝壳来砌的，而它的背景是栅格棚，或是修剪整齐的植篱。

这个时期，路易十四本人及其宫庭，对于新的丛林区如何规划有着极大的兴趣和热情。这时最有权势的贵妇蒙特斯庞侯爵夫人（Marquise de Montespan, Françoise Athénaïs de Rochechouan）希望她的一个意图能够实施，所有艺术家的手就都为她的意图劳作。这位贵妇所设想的一株铜铸的树上叶尖喷出水柱。这正是东罗马拜占庭的园林里曾经有过的设施，也许她并不知道，也许是她直接在西班牙所见而想起的。这株铜树立在一个方形水池的中心。池中装饰有铜铸的大灯心草（bulrush），从草丛喷出的水柱与树冠向四处喷出的水柱相交织，在池的四隅的天鹅也向池中央喷水。此外，尚有数个喷泉，其中之一是在小池中心竖立有盛着一盘水果的物像，而水柱就从盘中向外抛喷，以及所谓“水上饮食店”（Water Buffet）。当时，这个丛林区称做“沼泽园”而且为人人所盛赞。但路易十四对艺术的兴趣是朝三暮四易变的，因此不久这个“沼泽园”的布置又完全变换了。

同时，宫前的台地部分有很大的改变。勒诺特认为这个部分的模样绿丛植坛已嫌过多，因宫殿两旁微凹下的地方已有南坛园区和北坛园区，而在宫殿正前有锦绣绿丛植坛区，在拉通娜水池后，还有模样绿丛植坛。勒诺特认为宫前这个老植坛已不够明显。他的意向是，在这里应有美丽的平静如镜的水。因此起初的改建草稿是一个大池和四个小池。但后来的设计改为把水和花卉植物混合起来形成细致的水景植坛（Parterre d’Eau）。根据勒布朗的计划，这个水景植坛，要有许多大理石雕像和带寓言性的群像，其间立有饰瓶，新的雕像不断地增加到拉通娜区，国王林荫道的两行排列着一行列雕像和饰瓶，最后在林荫道的尽头阿波罗池里太阳之神驾着车从水波中涌出。在大运河整个长度里布满了有荷兰水手驾着的船。后来还有从威尼斯来的水军驻扎在宫苑里。

这时，凡尔赛宫苑大体已准备就绪，路易十四也计划在凡尔赛居住并决定在1674年为了第二次胜利而举行巨大的庆祝盛会。由于路易十四的要求，勒诺特又进行了多个丛林区的内部设计。

这一次为期 6 天的盛会过后，路易十四已决定在凡尔赛居住下来，他对于蒙面舞会的兴趣也是无止境的，而且要为贵妇蒙特斯庞在凡尔赛宫里预备精美的住所，选定了克洛尼（Clogny）区为建筑场所。同年的 5 月 22 日，柯尔伯特（Jean-Baptiste Colbert）的儿子把一位年轻建筑师芒萨尔（Jules Hardouin Mansart）的设计呈给路易十四看，6 月 12 日接到同意设计的通知后就施工，这是芒萨尔的初作。主建筑像门形圈着一个内庭，而在主建筑的正面又有广大的前庭，前庭的两旁为隐藏很好的蔬菜园和马房。但这个前庭为壕沟所包围，可见当时对于护堡河的传统，还是很难弃去的。主建筑的两翼展伸到苑的部分，这虽是小型有翼的建筑形式，但已成为以后芒萨尔扩造凡尔赛宫邸的蓝本。

路易十四居住在凡尔赛，并在那里处理朝政和接见他的大臣，因而感到原来建筑已不敷用。克洛尼的建筑形式获得了路易十四的爱好。这时建筑师勒沃早已去世，就请芒萨尔担负起扩建凡尔赛宫邸两翼的责任。为了加快施工速度，同时用 22000 名甚或到 36000 名工人进行建筑工程。路易十四要求建筑工程的进行不得停顿，即便有流行病，工人也不能停工。据塞维涅夫人（Madame de Sévigné）所写，在 1670 年的 10 月里，每夜有几车工人的死尸运出去。这时勒诺特也在进行园的工程，因为路易十四及其宫庭不断要求有新的布置，丛林区的新设计也出现了，当时设计中最著称的是皇家之岛（Île Royale）和镜湖（Lac Miroir）。这是以两个丛林区为一体来进行设计的，有一个很大的贮水池，中腰为岛，池中有许多喷水柱显得活泼生动。

从 1677 年起，有许多改变原状的巨大工程。几乎所有的丛林都曾改动过，路易十四在位时，有些甚至改动了 5 次之多。

由于两翼的扩建，美丽的洞府就不能不牺牲，它曾是路易十四所喜爱的休息场所，用达 20 年之久。两翼扩造时路易还曾想把洞府迁建，但到 17 世纪的 80 年代，对于这种几色砖石装饰的时髦已成过去。于是他把洞府的一部分装饰移置到第一丛林区，它的中心是叫作名誉之神的喷泉，到 1740 年又移置到另一处丛林区中。

洞府的拆毁，使路易十四失去了露天演奏音乐的场所，所以两年之后，他就在第一丛林区建造椭圆形柱廊，有红色大理石柱，各柱之间有栏杆和拱门连接起来，两柱之间就有一处喷泉。柱式回廊中庭的中心是一座美丽的群像，叫做 Rape of Sabines。

这么多美丽的景物令人眼倦，于是水景植坛正好阻断了到达宫殿建筑之路，宽广的林荫路在其两旁也有如镜样的水溪。水中置有各种雕像，都是当时著名雕塑家 Tuly，Keler，古阿塞伏（Antoine Coysevox），Le Hongze 等的作品。

路易十四对于建筑的热情并不限于凡尔赛宫苑，甚至在克洛尼（Clogny）开始建造前，在 1670 年用数月的时间建造了特里阿农宫苑（Les Jardins du Grand et Petit Trianon）。它位在大运河横臂的北端，冬天动工到春天就完工，人们以为是从土里长出来的。这个建筑是路易十四为了取悦于蒙特斯庞而造的，称做陶瓷三角龙的建筑，只是两个小型茶室，专为炎热的夏季中午时间，在那里纳凉饮茶用，建筑式样比较别致。大抵就在这些年里，某些在中国的法国传教士寄回来对中国的文物珍品和中国画的报告，并认为南京的琉璃塔，是世界第八奇物。路易十四希望在凡尔赛宫苑中能有中国式景物，于是就建造了小型茶室，采取中国式。可是当时对于中国式建筑并无所知，也缺乏琉璃；就用荷兰那种陶瓷物，用陶瓷片贴饰墙面。在墙顶边上装饰大的蓝色饰瓶，建筑长台阶用大理石来接陶瓷。室内陈列也仿中国式，中间为大厅，两旁各有堂屋，室内全白，用蓝色花纹作装饰，地板部分用蓝色和白色陶瓷砖铺装。两旁套间各有碗碟橱，其上装有鸟舍。

以上是凡尔赛宫苑建造过程的小史。凡尔赛宫苑的思想主题是为了表彰法兰西皇帝的至尊伟大和华美而表现壮丽的意义；为了反映上层统治阶级的穷奢极欲的生活，盛大的集会宴会，而以丛林区为基础，创作了各个不同活动内容的区。

让我们就最后落成的凡尔赛宫苑全苑巡礼一番：来到凡尔赛宫苑前，先是将军们的广场，大臣们的前庭和贵族们的内庭，这是盛大宴会前未进入宫邸前分别汇合的场所。

站在凡尔赛宫邸的平台上，宏伟的园林就展开在眼前，总布局，很明显有中轴线的处理——从平台下到拉通娜区，国王林荫道，阿波罗泉池和大运河是轴线上的主要处理，特别是由于大运河的水光闪耀增加了轴线的深远意境，更由于大运河的横臂，使得凡尔赛宫苑显得更宽，全苑的精华是称做“小园林”的 8 个丛林区。

建造凡尔赛宫苑之前，在法兰西不大运用精美的模样绿丛植坛为主题的造园，或自然规划成矩形园地的造园。无疑地，当时的勒诺特感到这种样式对于法兰西的国土和特殊任务的要求是不相适应的。法兰西国土气候温暖湿润，地势平坦，意大利文艺复兴时期台地园显然是不合宜的。在平坦的原野上，运用丛林式设计是较易见效的，尤其是要表现壮丽的意境，没有比运用丛林式更为合适的方式了。

五

勒诺特式风格总说

勒诺特创作上最主要的特色，就是运用丛林区作为不同活动内容的单位，而且在丛林中辟出视景线，当然构成风景线的原理，并不从勒诺特开始，它是法兰西园林艺术中固有的传统，但在法兰西的园林发展史上还没有一个人能够像他这样巧妙地、广泛地组织植物题材来构成丛林区和风景线，而且各个风景线上有不同的视景焦点。凡尔赛宫苑有着众多的视景丛林区，但它们并不是孤立的，而是相互连贯成为园景系统，也就是说从作为苑林范围物的树丛中间辟出的各个主要视景，像是穿在一根项链上的珍珠那样贯穿起来的。当你站在轴线上的某个视点开始，也许这是一个喷泉或水池或雕像，向前眺望就可看到另一个视景焦点，到了那个视点所在又眺望到另一个视景焦点。这样连续地四面八方展望和前进，视景一个接着一个，好似扩张延伸到无穷无尽一般。另一方面，各个视景的范围物不尽相同，就不会感到单调，而有错综变化的感觉。平坦的法兰西原野上，要不是利用丛林辟出视景线的话，就很难产生曲折和变化。像勒诺特的艺术创作那样的手法，使许多不同的视景能够连贯统一起来，也是少见的。

在理水方面，勒诺特也理解到要在平坦的原野上，创造瀑布一类的形式是非常困难的，要设置许多宏大的喷泉群，不仅由于人工水法的建造和以后的维持费用浩大，而且就当时技术条件来说也是有困难的。因此他就灵巧地运用了水池和运河的方式，这本是原野上自然的水体形式。凡尔赛宫苑中，理水的风景效果最为优美的是在宫殿建筑下的水景植坛区部分，把周围丽景倒映在池水里，增进了景致，而且变得柔和起来。更优美的设计是十字架式运河，可以放舟中流，荡漾河上时，两岸丛林森森，景色宜人。

此外各个丛林区中的小喷泉群，各个构图中心的，苑路交叉点上的或视景线焦点上的喷泉，形体虽小也显出理水技巧的高超。有的喷出高低不一的水柱组成一定的形象，有的成抛物线喷射并交叉织成壮丽的水景。这些喷泉、水池，在有水喷射时固然动人，就是不喷水的时候，也因设置的雕塑作品本身的艺术价值而使人得到美的享受。

在植物题材处理上，也可看出勒诺特有他独到之处。法兰西国土平原上，并没有意大利的高耸丝杉，或独特风韵的石松冬青等树种，这些树种都具有整齐外形，宜于对称点植或行列式种植而获得整形风格。法兰西国土上阔叶落叶树种较丰富，勒诺特就充分运用乡土树种构成天幕式的丛林，或作为视景线的范围物，或作为包围着模样绿丛植坛外围的绿屏，或作为喷泉水池的背景。至于黄杨、紫杉之类宜于作植篱的灌木在法兰西也有分布，因此模样绿丛植坛，在合适的地点，即低下的台地上，自可加以运用。

由于当时法兰西的园丁对于树木整形修剪技术比意大利更是高明，修剪成各种形象的绿色物体的应用很广，即使是天幕式丛林的林缘或顶部，也加以修剪，保持整齐的外形。

勒诺特在法兰西从事园林创作和改造旧园的工作，几乎近五十年，作成了很多名园，都是辉煌作品的范例。可惜的是能原样保存下来的已不多见，但从他的论著中可以领会到，他是在继承自己祖国优秀传统的基础上，批判地吸取了外国园林艺术（意大利文艺复兴式）的优秀成就，结合不同的风土条件，而创作了符合时代任务要求的新形式。在欧洲大陆的其他国家也有他的作品，处处显示了他的非凡天才，能够结合不同要求和不同地点、不同条件的现实情况进行创作，表现了不同主题。

勒诺特式园林形式的产生，揭开了西方园林发展史上新的纪元。正如意大利文艺复兴所曾有过的影响一样，法兰西勒诺特式园林，风行全欧洲，影响了德国、荷兰、俄罗斯等国当时的造园，也超越英吉利海峡影响到岛国英格兰的造园。可以说，当时整个欧洲都在模仿勒诺特式造园。但是所有的设计，在艺术表现的技巧上远不及这位祖师，大都一味地崇拜模仿，不顾地点条件而显得不伦不类。例如在面积不大的园地里也采取丛林式种植，反而显得局促生硬；在地形起伏的园地里也运用直线式视景是没有意义的，也是不合适的。另一方面，在面临建筑的部分过分刻意经营模样绿丛植坛群，所引起的不是华美而是相反的庸俗；或者只是展览了一些徒然浪费人力物力的怪异的模样植坛而已。不幸的是，这种没有创造性的只求形式的趋向和风气却得以在欧洲弥漫，而且经过马洛特（Chanleo Mallot）、雅克·布瓦索（Jacques Boyceau de la Baraudi）等人的倡导，对于运用各种几何形图案的绿丛植坛更进了一步，称做模纹花坛（Parterre de Broderie），把植物整形修剪成各种形象的绿色物体结合起来，运用的手法也更趋发达，成为造园设计的主题。这种趋于极端的人为意味，华而不实的风格，在当时称做洛可可式（Style Rococo）。今日还保存的卢森堡公园（Le Jardins de Luxembourg, Paris）中尚可看到这种风尚的局部。

第五章

18 世 纪
英 格 兰 风 景 园

当整个欧洲大陆在风行勒诺特式造园，并发展到洛可可式极端地走下坡路并趋于没落的途中时，在艺术上一般也早已对古典主义感到厌倦，对墨守成规的保守和缺乏生气的偏向进行攻击并发生了浪漫主义运动。这个艺术思潮，也反映在园林艺术上。

首先是英格兰岛国的园林方面。正如意大利在文艺复兴时期有着伟大的园林艺术上的成就，在17世纪法兰西放出闪烁的光辉一样，到了18世纪末叶，英格兰对园林艺术有了新的贡献。

一

英格兰园林传统

13 世纪后半叶以后，英国的园林开始从城堡式庄园的形式里解放出来。14 世纪中叶，由于黑死病（1348–1349 年）的猖獗，英国的人口大减。英格兰在条顿族侵入占领的时候，农业已相当发达，成为供给欧洲大陆粮食的国家，这时人口大减影响了农业生产的劳动力，使地主们感到惶恐，但随即发现，雇用一个牧人来放牧一大群羊所需要的牧地相当于很多农奴和耕畜所能耕作的土地面积。为此，进行畜牧业经营不但可以不受缺乏劳动力的影响，而且在大块土地上经营畜牧业可以取得高额利润。另一方面毛织业的发展，使英国的农业性质起了变化。因为毛织工业的勃兴，对于农业不但要求生产粮食，而且需要更多的工业原料即羊毛。英国气候湿润而又温和，非常适宜于草地的茂盛生长，这也是促成畜牧业和毛织业发达的因素之一。地主们就朝着变农园为牧地的有利方向前进。有着优美的放牧草地和一群群绵羊的牧地风光，影响了英国的农业和风景。

从亨利八世开始，园林的修建也起了变化。当时亨利皇帝把僧侣从政权中驱逐出去，没收了教会在英国占有的土地和财产，新的贵族地主就在他们购置的土地或封赠采邑上，建造起官邸庄园。从亨利七世开始已使用火药，攻城武器已有火炮，因此具有作战防御意义的城堡建筑和护堡壕沟不再需要。这样，庄园就和四周自然环境连接起来了。药圃、菜园也已没有多大需要，即或仍保留有菜圃也仅占很小面积，绝大部分庄园的土地布置成装饰和游息的园地。

庭园开始这种变化，贵族地主们还未从英国以外去追求造园的形式，只是凭着他们自己的爱好和审美力来布置园林，在取材上也充分利用当地的植物和岩石等。由于英格兰岛国的气候潮湿，冬季较长而冷凉，庄园大都位于丘陵的南坡或东南坡。庄园的主要部分是地形起伏的绵软如茵的草地，自由生长的树木散植在草坡上——一切是牧地风光本色。平坦广漠的草地正是掷木球戏和游息的优美场所。这个时期的这种园林形式称为都铎式（Tudor Stylc），这种草地风光传统，给予都铎式园以一种既壮丽又优美的自然风景。为了和自然风光协调，园中的篱栅、凉亭、棚架喜用不去皮的树枝和木材来制作。

当时在城市近郊新建的园虽然仍有着高的围墙与外界隔离自成一个单位，但和过去那种对四周自然风景漠然不相关的情况已有所不同。他们感觉有借景园外的必要，于是产生了“台丘”。台丘是一小块高升的小圆丘地，或依着围墙而筑，或位于园的中轴线上，或在园地近中央的部分。有直上的蹬道或盘曲而上的台阶引到园丘的顶部平台上（那里有时建造一个亭），站在台丘顶上不但可以眺望园外风景，而且可以俯瞰庄园的全景。

当时游历过意大利、法兰西的地主贵族，从他们曾见过的园林的回忆中，把他们认为一些优美的东西设在自己的庄园中。这种仿置，主要是方形、长方形的模样绿丛植坛，用低矮植篱植物如黄杨等修剪成各种式样并用它们组成几何形图案，植篱植物以外的部分用有色砂砾或矮草填充，这种形式的园地在英国称做节结园（Knot Ganden），或称做法纹园。

二

17 世纪伊丽莎白时代苑园

自从 1588 年取得打败了西班牙大舰队的胜利之后，16 世纪的最后 20 年里大不列颠已成为最前列的商业强国之一。到了 17 世纪，贵族地主们随着他们财富的累增和熟悉欧洲大陆国家的宫廷生活，开始醉心于风靡一时的意大利文艺复兴式和法兰西勒诺特式造园。他们相互以建造勒诺特式花园来夸耀争胜，雇用法国训练的园丁来管理园林，这个时期正是伊丽莎白女王执政的时代。为了要仿凡尔赛宫苑那样的壮美意境的表现，许多原本是英国古典的优秀的园林因改建而被毁，失去本来面目。这个时期的仿勒诺特式的苑园没有一个保存下来，只能从一些印图和文字方面推知当时园林的鳞爪。

从 16–17 世纪时一些苑园的印图来看，例如查茨沃思（Chatworth）苑，可以看到当时园里几乎没有乔木树丛的布置，有的只是几何形图案的植坛，把树木或灌木修剪成各种建筑物体或雕塑物像的装饰特别盛行。几乎有三个世纪光景，修剪装饰成为英国园林的主题，包括整形的植篱，节结园，模样绿丛植坛，剪成奇形怪状的鸟兽物像的植物材料等。

当时的培根（Francis Bacon）在一篇《论园苑》（On Gardens）的论文中对于当时风行的修剪装饰极力加以反对，并认为他们不过是玩物而已。他说：一瞥当时任何一个苑园只觉得充满了人为的意味，并且讥称修剪成各种物像的松柏只能供孩子们玩赏，可是这种装饰方式却在英格兰盛行了三百多年。培根认为英国园林中应引以自豪的传统是草地的设施，而草地在当时的苑园里退到一个不重要的地位。他认为英国的园林中需要有防风的树丛，要用色彩丰富的具有芳香的花卉装饰，要运用阳光和阴影的对比。培根的这些见解走在时代的前面，对于当时的花园并未起任何影响，直到 18 世纪英国风景园出现时才见诸实施。当然培根的这篇论文中也有许多幻想或意见是不足取的。

修剪装饰不能一概否定抹杀，但是过分地使用那些修剪成各种迷乱复杂物像的植物材料越出了常识和适当的分寸，就成为不伦不类和怪模怪样，适当地运用修剪装饰是可以达到一定主题所要求的形象，创作出一定的风景效果的，例如勒诺特也常运用修剪装饰，或作为背景，或作为范围物，或把丛林四周修剪整齐而顶部任它自由生长，或为了点缀装饰而把单个植株修剪成简单的几何形或物像。

三

18 世纪英国风景园产生的背景

英国在 17 世纪革命之前原是一个一等国家。在 15 世纪早期已开始了的农业革命，到了 18 世纪 70 年代已经完成。英国最大的土地占有主贵族或大地主把整片土地租给佃农。资本主义式佃农就雇用工人经营农业或转租小块土地给二层佃户。中等地主和小地主通常也雇用工人来经营农业。茅舍贫农和毫无私产的雇农，构成农村人口中的下层。18 世纪末英国的农业是世界上最先进的，畜牧业也有很大的成就（如独格姆牛、约克夏猪）。

17–18 世纪英国特别感到缺乏木材的严重性，尤其因为要争夺世界霸权（进行战争）亟需木材建造兵舰。木材的短缺和燃料的恐慌，从 16 世纪中叶就已明显，因此在 1544 年颁布了完全禁止砍伐森林的禁令，而且订出了在每英亩土地上有 12 种标准树必须保存，不得任意砍伐。这些措施对于造船业最为重要，对 12 种标准树之内的栎树的培育来说是十分合宜的。同时还订出在标准树种的林间或林区之间要营造小具材林、薪炭林，这样可以很快有木材生产以供当地所需的栅栏篱围、工具柄等材料和燃料用，由于当时在肥沃的谷地和坡地发展的养羊事业经常需要围羊圈和栅柱用的木材，另一方面为了使农田不受羊群的踩踏摧残，许多大块农田的四周也必须圈围起来。在圈围起来的农田上，农民就能够逐步采用农牧结合的农业制度，一方面进行牧畜的改良，一方面采用牧草和农作物轮作制度。这个耕作制度的改变终于引起 18 世纪英国农业上的革命。

把空旷的田地一块块用栅栏或篱笆圈围起来，不仅使田地分割成许多小区，而且由于各个田区的耕作不同而有不同色彩和质地的形貌产生。例如一块标准的三班轮作制的田地，每区有一种草地色彩，有绿色的（牧草地）、棕色的（黑麦）和黄色的（小麦），每区有宽条的绿带，灌木丛植篱，同时也偶有高大的乔木，好似重音调一样点缀其间（牧草地是农牧结合的农作制中所必须的，灌木丛是为了防风和提供羊群在树荫下休息处所必须的）。这种农业制度的改变也引起了这个地区风景面貌的完全改变。

同时代的一位生物学家伊夫林（John Evelyn），大力提倡植树造林。他在1664年出版了著名的日记和一本叫做《森林志》（又名《林木论》）（Sylva, or A Discourse of Forest Trees）的书。在这本书中他不只是为了生产用材、为了造船业而呼吁种植更多的树木，也是为了树木本身所表现的美或风景而提倡植树。他对于引入园林风景树树种的工作发生了兴趣，这些引入的树种在当时除了植物园里有栽植外，对于一般人来说是不认识的。伊夫林曾经参与几个园林的设计工作，他所写的关于树种的选择配置，对种树的建议，受到了人民的重视而普遍采用。这时人们开始对树木本身的美感到兴趣，对树木在组成风景中的特性引起了注目，自然而然地就会对格调严正的行列种植和修剪成各种几何形体的树形不再感到兴趣，而欣赏自然生长的树木和树丛所表现的美。

当时，方兴未艾的少数风景画家，好运用粗壮的自然生成的、不是整齐的树形做为题材。不对称的构图以及光和暗的对比等手法表现的尼古拉斯·普桑（Nicolas Poussin）和克劳德·洛兰（Claude Lorrain）等画家的风景画作品中，这些风景画对于苑园的风景组成是有所启发的。

文学作家们也在文章中攻击人为意味沉重的园苑而赞颂自然景致。约瑟夫·艾迪生（Joseph Addison）在1712年为《旁观者》（Spectator）杂志所写的一篇文章中承认他自己因为对园林的见解与时尚不同而被视为园林狂想家，接着叙述了他自己对自然风致的观点并猛烈攻击那些矫揉造作格调严正的苑园。为了加强他自己的论点的力量，曾从当时有关中国山水园传说的写作中摘文引证。当时对于中国山水园只有些极简略的传说和描写，艾迪生只是假借名气用以反对趋于极端的古典主义，正如文艺复兴时期召还过去时代的灵魂——希腊罗马的古典传说的复活，来适应文艺复兴时期新意识形态。艾迪生在文中又说：园林是艺术作品，因此园林评价的高低就看它近似自然的程度而定。这个论调今天来说虽不全正确，但却反映了18世纪英国园林艺术的观点，要用自然自己的树木来描写自然，任何人为的意味应尽废去。亚历山大·波普（Alexander Pope）更用讽刺文体为武器来攻击格调严正的苑园。

迫切地需要木材，农业生产上的革命，地区风景面貌的改观，艺术思潮的转变，对自然美的颂赞和风景画的启发，所有这些为英格兰风景园的产生铺平了道路。

四

自然主义的风景园

18 世纪在文学艺术方面对于古典主义的严律格调和刻意雕琢的发展感到不能忍耐而要求改革，这个改革要求首先反映在文艺创作方面而有浪漫主义运动的突起。在英国这个浪漫主义的思潮也波及到园林艺术方面，以欣赏自然本身的美开始而重新恢复、发扬固有传统为花朵，而以风景园的出现为结果。

就是那些醉心于意大利式和法兰西式的热衷分子——贵族大地主们，首先对之发生厌倦而寻求新的园林风格。

在造园实施上最早开始抛弃严律格调的是 1720 年左右布里奇曼（Bridgeman）在斯陀里（Stowe Landscape Gardens, Buckingham）地方的园林创作。这个园里已开始出现不是对称布置的、不是行列式种植的树木，也放弃了把树木修剪成各种物像的装饰，但几何形体的和模样绿丛植坛的传统仍然保存。

自然主义风景园的初期创作者中，威廉·肯特（William Kent）是较著称的。在肯特早期创作的园林作品中仍保持有直线形的道路和绿色几何形体题材的运用。当他被邀请改建扩建斯陀里苑园时，就抛弃了绿色几何形体和直线道路的运用，越过园地把园林和周围自然界打成一片。他认为自然是憎恶直线条的，就应把园林中以前留下的直线条的林荫路都毁去，而代之以无目的地向四方盘绕曲折的苑路或步道，理水的型式主要是曲折的深涧和激流以及人工的湖岸为曲线形的湖池，大体说来，初期自然主义风景园就是把绿色建筑形体和直线条弃去不用，而代之以树丛和圆滑的弧线苑路以表现自然风致。

肯特的弟子兰斯洛特·布朗（Lancelot Brown）曾改建了，实际上也可说是毁坏了不少古老的树林。当时正处在追求风景园的高潮中，许多意大利文艺复兴式台地园或勒诺特式园林被改造，把台地改回为波状起伏的地形，不可胜数的整形修剪的树木甚至优美的行列树也被毁去。布朗把行列改为独立树丛的方式是每隔适当距离保留几株大树，并增植几株新树而成为小树丛来掩饰原来直线形的行列树。但当时也有人如乌维达尔·普莱斯爵士（Sir Price）认为这样做的效果并不好。

布朗改造旧园的工作虽有成功的地方，但缺点更多。当时人民讥讽他为“万能的布朗”。甚至有人这样说：“我希望我能在你（指布朗）死亡前先死，以便我得以见到没有被你改造过的天堂的本来面目。”

到了18世纪末叶，布朗的继承者胡弗莱·雷普顿（Humphry Repton）把风景园设计向前推进了一步。当时反对风景式的呼声日高，有的埋怨风景园并未能成功地表现自然风景，而且由于过分地模仿自然而失去亲切动人的意味。过去的老园被怀念着，甚至本来极力拥护风景式的普莱斯也很懊悔不应把旧园改造。雷普顿受了当时这种趋向的影响，往往在造园时保留了原有的林荫路，而且认为邻近房屋建筑的部分和相关的地方允许有平整的台地，虽然它是格式整齐的。他对于树形的研究特感兴趣，而且提出“树形和建筑线条相互衬托的手法是值得我们学习的”，例如哥特式建筑前应当用圆形或扁圆形树冠的树木来衬托，使建筑看来更高耸，而古典式的建筑前面用圆柱状树冠的树木为宜。

对布朗风景园的呆钝乏味的攻击，一时难以用具体的优秀作品作有力的答复。因为新的园中新种植的树木大都是幼树甚至是生长慢的树木，就在园主的一生中也不易见到它们长成后所达到的一定形象的效果。当时有位威廉·钱伯斯先生（William Chambers）虽然相信英格兰风景园是比任何规则式园林为优，但也不能不说当时的风景园跟普通的田野并没有多大区别……，“一位生客走进了园中，往往茫然若失，不知道究竟他是在草野中还是在园林中行走，而这个园林却用了巨大的资金来建造并维护；他看不到任何使他兴奋的东西，任何使他惊异的东西，或任何引他注目的东西”。这些话当然也可能有过分夸大其词的地方，但确也道出了当时风景园的缺点。由于他曾在中国居住过，他描写了北京宫苑的奇妙，盛谈中国山水园是最为自然的、风景如画的，从不钝呆或索然乏趣。实际上，他所描写的大半只是想象或听说，但他推而论到运用宝塔等添景可使英国的园林生动起来，当时正是一切崇尚中国式的时期，于是他被任命在邱园（Kew Gardens, London）一试身手，但我们看一下今天尚存在邱园中的宝塔和中国式桥的添景，会觉察到他对于中国山水园的知识是很浅薄的（图5-1）。

图 5-1　邱园中国塔

事实上在以后写的文章中他自己承认他所写的大半出之于臆想和人们的传说。

几乎有40多年光景，很多园林设计师在暗中摸索风景园的创作，企图能把握自然风格的特性，尽他们当时所能够有的艺术技巧来表现壮美的或荒凉的或野趣的或忧郁的意境，但在初期因为受一定条件的限制，或取材的限制以及表现手法尚未成熟，并不能如愿地表现他们所寻求的意境。他们往往只好乞援于联想或象征，假设着某些较能适合某种情调的材料和式样，或许就能引起冀望的情绪油然而生。例如为了要增强天然的野趣，或是为了引动枯寂忧伤的情调，而在园中配置枯树（肯特 William Kent 就曾这样做过）；或是为了浪漫的幻想，浮华若梦的情调，而有意在园中设置废墟，甚或有在园林中虚构臆想中的英雄或美人的墓作为胜迹；或用更简便的方法，在园中立碑，碑上铭刻关于女神或神话中的优美诗文，或选刻文艺名著中能符合所拟表现的意境的一些散文和诗，来帮助加深印象，总之这些幼雉的想法，乞求于联想和象征的方法，是浪漫主义风景园的特征。这种粗陋的只是任情的凭空幻想，甚或可以说没有园林创作布置的形式表现，当时以极大热诚期望于新形式的人们对此感到极大的失望。

除了为了创作一个湖池或蛇形湖需要大大变动等高线外，通常都是随着本来的形势而设计。如果地形高低参差原本存在就可以加强这种崎岖或粗野，如果地势平坦周围线条圆滑的就可把园地改造成为有和缓的起伏，水和树木常用以加强大地的形貌。树木的丛植主要照顾到在透视的视景中如何和地形结合，跟建筑明显的关联较少，树丛的种植也常为了引导视线到遥远的地平天际。整个园林的构成上最主要的因素是草地。18世纪英格兰风景园，充其量只是根据风景画中所运用的构图原则。一般认为像画家一样能掌握光和影、凸和凹、实和虚等对比，线条或比例感等才能，就可创作园林和风景，从今日尚存的几个优美的园林可以觉察出这种影响。

五

英格兰风景园的盛行

英格兰风景园盛行近一个世纪光景。欧洲大陆各国，包括法国、德国、俄罗斯、波兰、瑞士以及后起的美国，都曾受其影响而有风景园的创作。但是实际上它从来没有完全成熟而成为完美的令人满意的形式，从当时人的批评和后来的反映可以明显地看出来。诗人托马斯·格雷（Thomas Gray）说得不错，他说：一个新的艺术是产生了，但这个艺术影响园林远不及对于村野的影响来得大而重要。我们可以觉察到英国的风景园处理得如同田野一般，他们把自然当作模型，在乡村里按照牧地风光建造起来，只是完全再造了田野式自然，忽视了人类生活上真实的意义，把风景设计成一幅画来看而不是当作生活于其中的境域来看。为了风致，有着防护蔽荫用的树丛被牺牲了，花园也和菜园一起放到远一些的地位，墙垣也用树木隐蔽起来，因为墙垣是直线条的，甚至用蛇行的墙来代替，但即使这样，它看起来依然是人为的，因此也未能盛行。

这种避免一切直线条、完全模仿自然的所谓“自然”和“高超”当时就有反映，例如温德姆（Willim Windham）认为园林的建造不是要从像一幅画的观点出发，而是要从在真实生活中它们的用途和享用它们的观点出发，与这些目的相合就能够构成美。他又说：有了上述的观点的话，铺石的小径、整洁的草地……以及花坛，修剪的植篱等都是有美好风味的，为了构成娱乐游息活动，运用这些题材比用像野生种一样的蓟菊和混乱材料以表示野致是要舒适得很多，而且也能更美好地构成画一般的形象。虽然当时的雷普顿并不以这些意见为是，但是温德姆的见解跟近代的实用和美观统一的见解却相吻合。18 世纪的风景园不能把实用和美观相结合的这一点，正好给 19 世纪反对风景园形式以一些口实和理论的根据。

第六章

19-20 世纪资本主义国家的园林

一

19 世纪英国的花园

英国在 18 世纪末以前，曾对欧洲大陆输出谷物，而到 18 世纪末，因毛织工业发展，大大缩小了耕地面积，而扩大了羊群和牛猪等畜牧业。在经济大大高涨（与殖民地进行掠夺式通商，贩卖奴隶也给王国带来巨大收入）、市场不断扩大情况下，手工工场式的工业已经不能满足增长的新要求。蒸汽机的发明，开始了工业革命，于是在 18 世纪的英国出现了机器，并在历史上第一次开始了建设具有机械装置的有成百工人的工厂，于是开始了资产阶级、无产阶级的形成过程，这一过程是在 19 世纪中叶基本完成了的。

在批判 18 世纪风景园的完全模仿自然，缺乏亲切动人的意味和生活的真实意义的过程中，普莱斯（Uredale Price）、奈特（Richard Payne Knight）等认为：既然波状地形、散植树木和灌木丛，在天然的原野里也是如此，那么对于一个建造的园，如果也仅仅如斯而已的话，显然“并不能增加任何优点”。于是“使它富有”成为 19 世纪开始时候造园上一个新的转变。园林的设施不仅要舒适要便利，而且也要有各种园林建筑来丰富它，更重要的是具有丰富的色彩。

18 世纪的风景园里，色彩是比较贫乏的，只有不同色调的绿色和柔软的棕色和灰色。19 世纪的英国，由于殖民地和市场扩展到世界的各个角落，从暖带、热带引入了很多观赏植物种类。显然许多美丽的花种只能在温室里繁殖育苗培养，但到了暖的季节就可以移植到花坛上去，使花坛增加灿烂的色彩，也就可以使庭园丰富起来。

前面已曾说过，在 18 世纪的庄园里，把花园和菜园都放到不令人见到的地方；到了 19 世纪又把花园请回来，而且安置在从建筑里完全可以见到的地点。花团锦簇的园地在全园中占着极重要的地位，平坦的草地中可以刻画出花坛群的用地。至于花坛的外形，除了过去已有的圆形、半圆形、眉月形、弓形、方形、钻石形、星形、矩形等仍然使用外，更加以各种变化而式样复杂。当时引入的花坛用花卉中最受欢迎并结合配置在一起的是猩红色花的天竺葵、蓝色的半边莲和浓黄色的蒲包花这三种花。

既具防护作用又可作背景的灌木丛，种植在波状起伏的草坡上，宽广而坚实的铺石路面的园路，也认为是必需的。在花坛群周围或花丛间步道的铺石更应有装饰意味。花丛群外围步道的一旁应设有座椅以便休息欣赏花丛。饰瓶、日晷、飞鸟浴池等园具也一个个地加入到庭院中来了。

总之，细节上的丰富性成为 19 世纪初期英国庭院中一个特色。

到 19 世纪末叶，所谓第三等级的小资产阶级，富裕市民的私人庭园中，兴起了另一种风格。这时英国的园艺颇为发达，一般人都有种花的爱好和知识，松杉类树木和热带花卉引入的高潮已经过去，这时由于需要正转向引入耐寒的花木和花卉方面，因为他们的庭园面积有限，如果都布置高大的树木，势必拥挤不堪，模样绿丛植坛或花坛，也不是他们所能负担得起的，同时过分的华美和精细也不是他们所爱好的。小面积的园地里栽植一些花木及一些成丛的花卉，管理既简单，色彩又富丽，一片锦绣，令人喜悦。

当时的一位园艺家罗宾逊（William Robinson）对于耐寒的观赏植物极感兴趣。他认为以花姿取胜的花卉是不适于模样花坛用的，花木也不宜修剪成几何形体，这就是说把这类观赏植物作任何规则式样的运用是不合宜的。他认为“自然”应该是我们师法的对象，但在庭园里所表现的自然，应当是更美丽的自然。自然它自己如何展览它的骄子——花卉植物，应是庭园创作的中心源泉。他始创了和过去风景园很不相同的表现主题，就是园景要以花为主题，其他设施都是为了展出花卉的形形色色，这样罗宾逊不自觉地认为主题表现是重要的，结构的设计占着首要的地位。

把花卉植物放在首要的最适当的地位，从自然它自己如何展览花卉为依据，来配置花卉的丛植，即合乎自然形式的花卉配置为设计原则，同时使花园的结构以花为主题——发展了所谓花园（Flower Garden）这一形式。要设计这种形式的花园必须具备植物生态学和园艺学的丰富知识。

从花园开始，再发展了不同植物群落的特殊类型的花园，例如，岩石园和高山植物园（Rock Garden and Alpine）、水景园（Aquatic

Garden)、沼泽园（Bog Garden）以及某一类观赏植物为主题的专类花园，例如鸢尾园、蔷薇园、杜鹃园、芍药园、大丽花园、百合园等。

但19世纪初期新兴的大资产阶级，好似一个暴发户想登大雅之堂并夸耀他的财富。在造园方面也是这样，于是意大利、法兰西式的造园又还了魂，新的台地，几何形体图案的模样绿丛植坛，修剪的绿色几何形物体等又再出现——大都雇用建筑师按照他们的意图来设计。在局部的设施上，处处表现出资产阶级的夸张、虚饰和势利。他们以能在园中陈列有价值的雕像而自豪，但并不是以庭院设计的艺术性要求出发的，只是为了夸富，于是灌木的栽植过多，而显得单调乏味，几何形图案被任性地使用着。修剪装饰又再复活，而且变本加厉。

或有采用风景园形式的，于是盘曲的步径在灌木丛中又再回绕，除了在平面图上画出了圆滑的弧线之外，什么意义也没有。

二

20世纪资本主义国家的城市绿化

在资术主义发展初期，由于手工业的发达，引起新城市的大量增加，许多城市因资本主义工业和贸易而得到繁荣。但是，这种城市的迅速生长完全是自发的，没有合理的组织。到了20世纪垄断的资本主义登上了历史舞台之后，资本主义经济特有的矛盾充分反映出来。首先表现在工业企业分布的混乱和有产阶级居住区建设的豪华计划，工业企业占用了城市中最好的土地，而且他们几乎分布于整个城市的各处；市中心是商业活动的中心，资产阶级办事处和银行都集中在这里；而大多数城市居民住在很坏的、对健康有害的环境下与大自然隔离。

随着资本主义的发展，城市居民人口的迅速增加，更引起了居住情况恶劣化。特别是劳动人民，住在肮脏的陋巷里，见不到充足的阳光，吸不到新鲜空气，看不到花草树木。另一方面少数资产阶级却住在马路整洁、有公共福利设施（上下水道）和适当绿化的居住区里。在资本主义国家，城市居民的组成很明显地带有阶级性。

当然在资本主义国家的城市发展中，并不是没有城市绿化的发展。虽然欧洲的贵族阶级和贵族政治已临近没落的前夕，但当时文化艺术通过文艺复兴运动已发展到很高阶段，在这段时期里，建造了许多优美的艺术性高的和规模宏伟的园林，我们已经讲到了17–18世纪欧洲国家的造园达到了空前兴旺的时期。这些庄园或园林都是用剥削劳动人民而积累起来的财富，用劳动人民的血汗建造的，而为贵族地主阶级私有和享受。

资本主义国家在资产阶级民主革命胜利之后，没收了皇帝和贵族的园林，成为城市的公共使用绿地，美其名曰："公园"（Public Park，公共的园林）。新建的资本主义城市或旧城市改建扩建时，也有林荫路、街道树、小公园等新建设施。但是由于资本主义国家的性质使然，这种供市民游息的绿地只有在富裕者的居住区里才有分布，或远在郊区只有富裕的资产阶级才有便利去享受。资本主义城市里也有所谓新村的发展，它们大都设在近郊区、风景优美的地区，有完善的公共设施，有适当的绿化。但这些新村只是地产公司土地投机的产物，通过统治阶级内部知道这些新区要发展了，就购进土地，建造新村，然后出售出租。这些新村居住区，只有富裕的资产阶级才有能力购置享用。

所以资本主义国家的城市虽也有绿化的发展，或者是承受过去遗留下来的园林，或者由于城市及居民的极度集中后，为了少数人、资产阶级的利益而开辟一些新区。那里有绿地的发展，但所有这些绿地的发展，对于整个社会的利益和需求是不相干的，也说不上是为了改善城市气候、面貌等而有的。资本主义城市的绿化，对于劳动人民来说，不仅毫不相关，而且劳动人民的居住区的情况是随着资本主义城市的极度集中而日益恶劣。

因为工业利润高，在土地私有、自由买卖制度下，工业就占用了城市的最好用地。由于无组织、无计划，工业用地几乎分布于全城，烟雾弥漫，空气恶浊，造成混乱和有害于地方居民健康的情况。市中心区由于地价日涨，建筑就不断向高发展，高楼大厦密集，造成了城市的拥挤，遮断了街道上的阳光，奇形异状的建筑，也造成城市的丑陋。由于人口迅速增加，造成住宅短缺恐慌，而建筑不断增加，城市内部的绿地，就逐渐为建筑占地而消失。同时由于城市的扩大，城市外部的绿地，也日益缩小。这样的双管齐下，资本主义城市的内部矛盾日益尖锐，日益增加，怎样改造城市成为严重的问题。

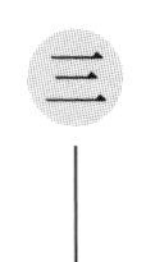

资产阶级艺术的堕落颓废

曾经有过这样的时候，资产阶级在反对封建主义的斗争中起过进步的作用。古典主义，浪漫主义，现实主义，这些在资产阶级的民主和人道的思想中得到了反映，虽然这些艺术思想也赋有阶级的和历史的局限性——不彻底性。

资产阶级取得政权之后需要截然不同的艺术，即脱离实际的个人要求完全的自由，以个人主义的小天地表现来代替客观真理，以艺术上个人主义和观念论深入精神境界等来替代现实主义，实际上保护了最反动的资产阶级意识。在帝国主义时代反动的资产阶级艺术挂出了标新立异的许多“主义”，一步步引起了资产阶级艺术家逐渐摒弃了 18、19 世纪的资产阶级现实主义的优秀传统，也摒弃了古典主义的艺术复兴时期艺术的现实主义传统。

否定现实主义传统是从 19 世纪末叶开始出现的。在绘画的印象主义（Impressionism）中就出现了无视主题——艺术使命，他们认为光线是画中唯一的主题，从绘写光线的观点去创作绘画。后期印象派（Post-Impressionism）的保罗·塞尚（Paul Cézanne）走上另一极端，更进一步完全摒弃了画面上的光，强调物性（创体、量、形、构造等)，强调生物和非生物两者共有的物性。他所画的静物完全没有外形，用色来表现几何形体。他所画的人像也是没有生气的，明显地无视人了。

到了立体主义（Cubism）和未来主义（Futurism）终于打破了物体，把它还原为几何学上的线条和平面。立体主义把人类解释为若干种类的固体造成的活动体的结合，或则是一种生物学上的东西，所具备的纯粹是动物的本能和欲望——兽性。未来派发展了运动，把运动作为美来崇拜，使其余的一切因素完全服从它。

这些形式主义的流派都着重了艺术形式的各种因素中某一因素单方面发展，而这许多因素在古典主义，在现实主义当中却是统一而和谐地存在着的。形式主义者摒弃了主题的同时也摒弃了世界一切巨大的多样性，换上了所谓艺术资料的概念，即艺术家所应用的技术方法和材料而有结构主义或称构成主义（Constructivism）的产生。艺术家必须用各种材料（在绘画上就是颜料、画布、线条、平面等，在园林艺术上就是植物、地形、建筑等），就必须研究这些材料。当然材料的性能是应该研究的，但形式主义者用这些材料问题来解释艺术上的问题，生活上的一切就给赶出去了。

资产阶级形式主义艺术中最狂暴的是宣称崇拜神秘主义和下意识的那种流派，他们认为正常的心灵状态是个性享有完全创造性自由的范例——法西斯本质。还有一种倾向叫做“超现实主义”，他傲然地宣称：疯狂是一个创造性艺术家所能够梦想的最高的自由。只有神经错乱者打破了现实世界，发现一切物体都是在一种不断变形（Deformation）的状态中，丑恶的歪曲形态，一个一个地接续，所以世界的物体都是不稳定的，瞬息万变的。还有所谓抽象艺术、幻想的现实主义等谈法，总之一切病态意识的胡说八道，人格崩溃（如自我夸大狂，自我中心论等），种种分析学上的东西都搬了出来，真是人类的羞耻。

第七章

俄罗斯的花园公园

一

俄罗斯园林的历史发展

这里就以莫斯科园林的历史发展情况为例来说明俄罗斯的园林。

先介绍一下旧莫斯科的面貌。从克里姆林宫鲍洛维茨大门（意为西洋曹）、莫毫街（意为水苔）、鲍洛特广场（意为沼泽）等地名就可想见，在13–14世纪旧莫斯科城没有扩大前还是一个被密林和沼泽所包围的城市。旧莫斯科周围分布着几个村庄：库得里诺（Кудрино），多罗戈密洛沃（Дорогомилово），西蒙诺沃（Симеоново）。15世纪在王宫对面的瓦西列夫牧场上开辟了一些花园（所谓御花园）。16世纪的莫斯科几乎家家都有花园。从“高杜诺夫”计划可以想见17世纪莫斯科的面貌。这个计划中，沿涅格林河和遥兹河出现了一些楔形绿地，无数绿点表示宅旁的花园和菜园，这些花园主要是栽植果树和药用植物用的，至于真正的花园在当时只有贵族的宅园里才能看到。沙皇的美丽的依兹玛依洛沃花园有动物园、御苑和花园，在18世纪，莫斯科开辟了许多新的花园和园林，阿尔巴特区（Район Арбат）与帕列契斯间克区布满了宽广的贵族花园。最大的花园分布在遥兹河和莫斯科河沿岸。可是所有这些大花园对人民都是关着门的。例如1742年在高珞维宫庭花园的入口地方挂着一个牌子写道：“严加看守，除众贵族外，闲人一概不准入园”。18世纪末叶，在拆去了的别洛城墙原址北面建造了一条环行的叫做特维尔斯基林荫大道。19世纪20年代在拆毁土城和铺设宽广的街道的同时，当局命令凡是沿街的住宅都必须辟有花园，因此在当时形成了环城花园。就在这些年代里建筑家鲍维在克里姆林宫附近创作了公共使用的亚历山大花园。许多私人的花园和宫廷花园都变成了城市公园，如彼得公园、涅斯库契公园和斯都其涅茨公园。

1861年农奴制改革以后，莫斯科已经在资本主义经济的基础上开始蓬勃地成长，从这时起，出赁房屋的修建和土地投机成了一种特殊现象。贵族的庄园逐渐地转到资本家的手中，在本是非常宽广的庄园里，不断建造了多层的新建筑物，从而也毁去了庄园周围的花园。

随着城市人口的迅速增加，城市把郊区的绿地也占据了，从北部的奥斯坦契沿涅格林河突入城市的楔形绿地分裂成许多小块绿地。莫斯科的池塘变成了垃圾堆，工业企业的污水倾入河中，岸边堆满了垃圾，沿岸的花草树木全被损毁了。这样，在资本主义发展时期里的莫斯科，它的绿地几濒于绝境，许多城郊绿化地区被生产企业占用了，这些地区内的绿地也被毁了。

位于市中心区的城市花园和城市庄园里虽然还遗留下一些绿地，但都以营利为目的。而且树木时常被毫无怜惜地砍光。

在伟大的十月社会主义革命前二三十年中，莫斯科许多绿地，沿遥兹河两岸的花园、新巴斯曼区和新梁赞街的花园、科里克区花园、西蒙诺夫农庄的花园、莫斯科河后面的花园、鲁日居克花园、库特林花园街与伯格鲁吉亚街之间的花园、卡良耶夫街和火山街之间的花园，全部被毁了。从前布满树木的绿化地带，密密地建造了住房、工厂和作坊。

伟大的十月社会主义革命以后，对待城市绿化的态度根本转变了。苏联城市绿化被看作是改善城市居民生活和卫生条件的主要因素，同时也把它看作是点缀城市的一个重要手段，因此，在所有改建和重建的城市中规定要在改建和建设城市的同时，有计划地创建完整的绿地系统。

二

俄罗斯园林的传统风格

俄罗斯的花园和园林，有它自己民族的传统。俄罗斯大城市郊区许多美丽的庄园都可以称为园林艺术的杰作，例如库斯科沃，阿尔罕格尔斯克及其他俄罗斯风景园林。下面我们将介绍这些园林来说明俄罗斯园林的传统风格。

如果说规划形式整齐庄严的宫庭花园——园林群体是18世纪园林发展的特征，那么18世纪后半叶在布局上与周围自然密切结合是俄罗斯庄园发展的特征。

（一）库斯科沃庄园

库斯科沃是莫斯科附近保存有几何形规则式的庄园之一，它是18世纪农奴工匠们艺术创作的遗迹（图7-1）。谢列梅捷夫伯爵庄园是用来接待莫斯科贵族们的，在露天剧院里演奏牧歌，演奏角笛音乐，在园林里布置有各种“心机”。这个优美的庄园是农奴建筑师阿·密洛诺维和富·阿尔古诺维建造的。

作为布局中心的宫室位于水池的岸边。从北面到宫室部分开辟了严整的封闭的规则式园林，周围有沟渠。园林里一条放射形林荫道伸到宫室前。园林里有许多雕像和园林建筑物（洞府、草庵、望楼、荷兰式轩馆、意大利式轩馆等)，位于水池另一岸的林荫道和沟渠从南面通向宫室（图7-2）。

宫室前展开了一幅辽远的景色：中轴线上是水渠，东轴线是彼得洛夫花园的林荫道，西轴线是动物园的林间小路。从宫室经过水池和水渠的主景，许多人造瀑布和两条平行的、一直通到水池旁的林荫道，显得非常突出（图7-3）。

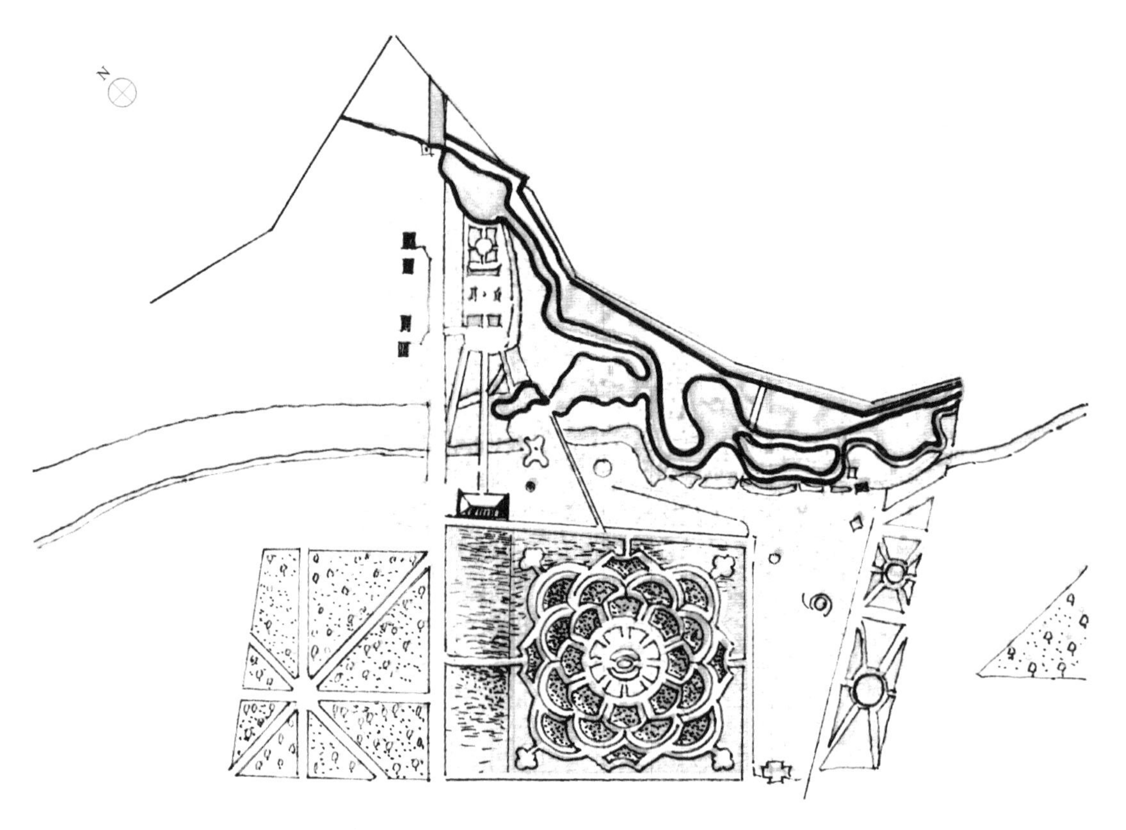

图 7-1　库斯科沃庄园平面图

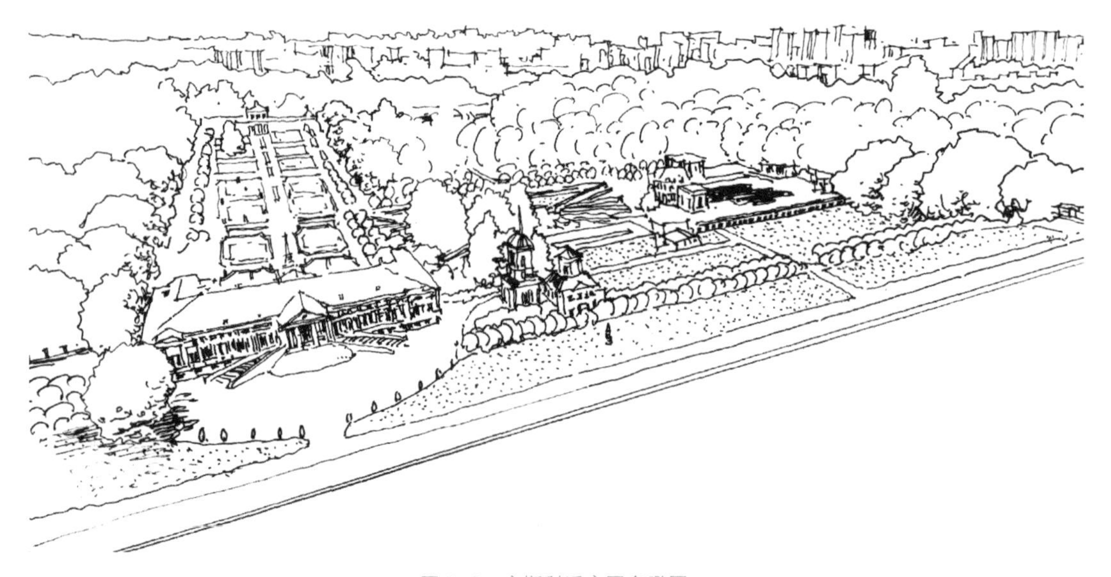

图 7-2　库斯科沃庄园鸟瞰图

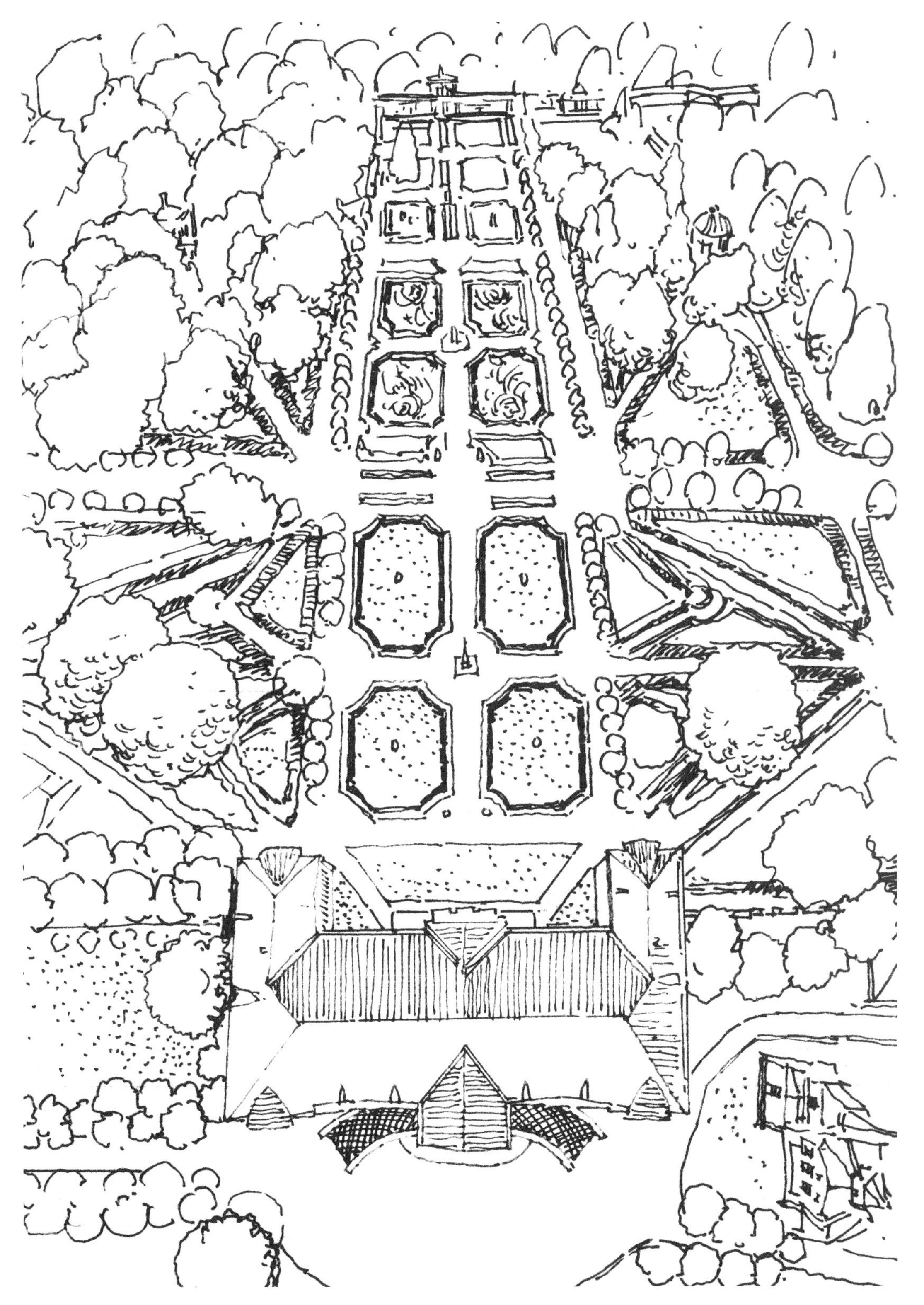

图 7-3　库斯科沃庄园

（二）阿尔罕格尔斯克庄园

（Arkhangelskoye Palace, Krasnogorsky）

属于戈利钦家族，后来成了尼·尤苏波夫公爵（Nikolay Yusupov）世袭领地的阿尔罕格尔斯克庄园也是属于莫斯科市郊的整形式布局的园林之一（图 7-4 、图 7-5 ）。这个群体是建筑师盖尔纳、脱洛母巴洛、茹科夫、鲍维、梅里尼科夫、秋林等建造的。这个工程是在农奴建筑师斯特里柴夫的领导下进行的。

一条笔直的道路穿过丛林通向宫室北面的前庭，阿尔罕格尔斯克的宫室位于最高层台地的制高点上（南面是园的部分），俯瞰着莫斯科河，控制着整个园的部分。这个园的主要部分是台地和绿丛植坛。台地分为三级，放在三个水平面上，逐级向河岸下降，匀称严正的轴线把园子的各层台地和宫室连接起来。

台地使整个地势明显起来，它的挡土墙是园林布局的横轴。园的主要纵轴上是一组哥尔库列斯和安琪儿雕像。第一第二两层台地的台阶和它旁边的喷泉，纵横相配置。各层台地主要是草地和绿丛植坛，外围是树丛。

阿尔罕格尔斯克庄园的最大特点是台地园的结构。它分为三层地段，离宫室越远的地段越扩大，给人以深远的印象。绿毡似的草地，大理石雕像和围住草地的高大的针叶树和阔叶树这三者配合得非常恰当。

（三）俄罗斯风景园

规则式风格在 18 世纪中有了显著的改变。过去许多庄园或园林是以这种风格建造的，表达了君主专制和“贵族的黄金世纪”。新的社会、经济、政治的因素影响了园林布局的性质，使它逐渐地具有了纯粹俄罗斯的特点，并且更接近了大自然，表现了一切自然的美。俄罗斯各种各样美丽的风景吸引了 18 世纪园艺家们的注意，他们竭力保持原有的自然材料，只用建筑艺术来加强它和强调它。

18 世纪末俄罗斯园林艺术卓越的理论家是鲍洛托夫（Балотов），里沃夫（Львов），奥西鲍夫（Осибов），莱拉斯（Леллас）等，他们开创了俄罗斯花园的制作方法，并以此和讲求匀称的法国式花园和英国自然式园林相抗衡。

图 7-4　阿尔罕格尔斯克庄园鸟瞰

图 7-5　阿尔罕格尔斯克庄园

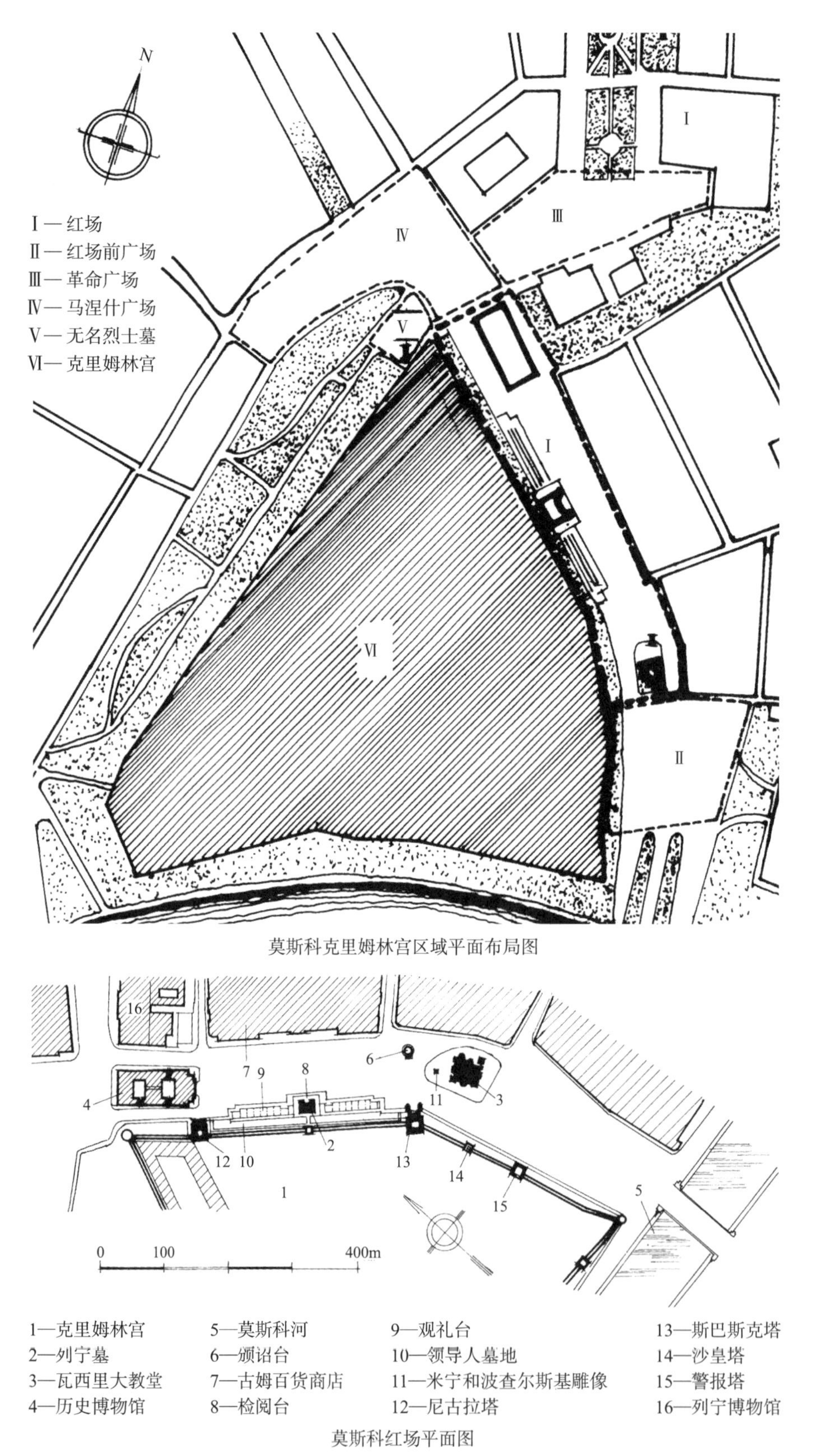

莫斯科克里姆林宫区域平面布局图

莫斯科红场平面图

图 7-6　莫斯科克里姆林宫平面图

（图片来源：郝维刚，郝维强．欧洲城市广场设计理念与艺术表现 [M]. 北京：中国建筑工业出版社，2008.）

俄罗斯风景园建造的发展具有很深的根源和悠久的历史，18 世纪美丽的克里姆林宫的寺院和庄园的群体确凿地证明了这一点（图 7-6、图 7-7），所以俄国的大师们在浪漫主义诞生的世纪里把拘泥于规则式的地段改造成自然风景的地段，或者在美化了大自然的基础上重新创造了园林布局。

水是俄国风景园的灵魂。湖泊、水池、河流和小溪的丰富使游人惊叹不已。宽广的美丽的水景环抱在绿丛中，曾被巴日诺夫运用到察里津诺庄园（图 7-8）。

察里津诺的地址是在轮廓曲折和宽广的察列鲍利夫水池的沿岸。在这地区深谷交叉，有倾向水面的斜坡。这种地势是创造风景园布局的有利条件。

巴日诺夫，18 世纪末叶俄国的天才建筑师。他把察里津诺群体（即叶卡捷琳娜二世在莫斯科郊外的避暑行宫）设计成一个庄园。

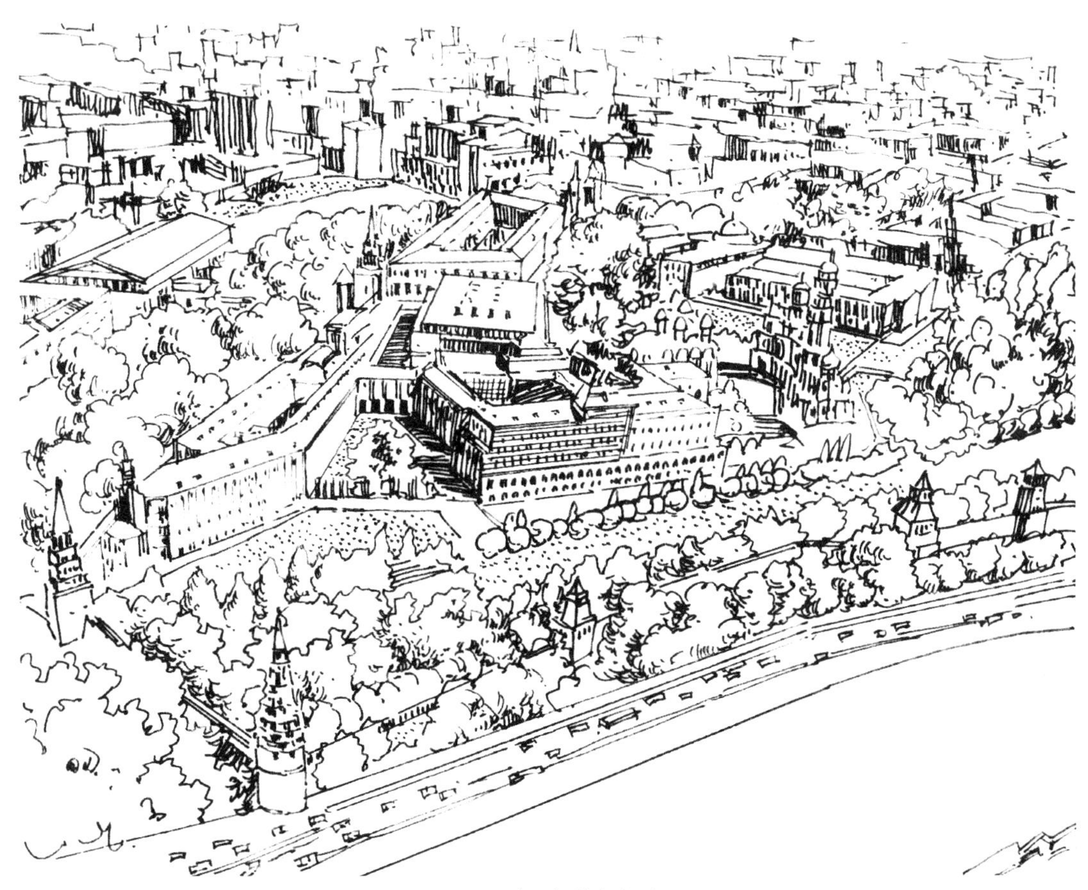

图 7-7　克里姆林宫鸟瞰图

图 7-8 察里津诺庄园鸟瞰图

（四）库茨明诺克庄园

库茨明诺克，过去是戈利钦的领地，也是莫斯科郊区的一个庄园。库茨明诺克的最初规划是规则式的，有像星芒一样的许多林荫道，向中心广场会合。1820年建筑师日良尔基（И.Д.Жилярди）改建了库茨明诺克并建造了许多美丽的建筑物，带阅兵广场的大厦成为这个园林群体的中心。有一条两旁栽椴树的道路，从园门进口通到这里。在水池周围开辟了园林，其中有很多美丽的建筑物，布置在四面临水、风景幽美的地方。入口的柱廊、赛马场、码头、温室、陵墓、半圆形建筑物点缀着园林。库茨明诺克简直是一个形形色色的生铁园具博物馆：门、栅栏、饰瓶、棚架、方向牌、桥、灯都是铁制的，这些园具有美丽的形象。

总的来说，库茨明诺克是19世纪的一个典型园林，在这园林里自然风景和俄罗斯古典主义形式结合起来了。目前库茨明诺克没有很好保存下来，这个公园的租用人——全苏兽医学院，不爱惜公园里的美丽建筑，几乎完全把它毁了。

后记

《中国古代园林史纲要》和《外国园林史纲要》两书的前身，最早是汪菊渊先生在新中国成立初期创建造园专业时，为满足教学需要编写的《园林史》讲义的一部分。该讲义分为两部分，即第一部分“中国古代园林史纲要”、第二部分“外国园林形式简介”。现今能找到的最初版本是汪菊渊先生自己保存的油印本，即三册一套的《园林史》的上册和中册“中国古代园林部分”（北京林学院，1964年2月，油印版）；两册一套的《园林史》的第二册“外国园林部分”（北京林学院，1962年11月，油印版）。

从两套书的目录中可以看出，该书的两部分各有附录在后。第一部分“中国古代园林史纲要”附录有：一、北海；二、圆明园；三、颐和园；四、热河避暑山庄；五、苏州宅园，共五章。这部分内容虽未能保存下来，但后来汪先生在不断的改写过程中已补充到正文里。第二部分“外国园林史纲要”部分的附录有：一、古代埃及巴比伦、亚述、波斯的庭园；二、古代希腊的绿化；三、中世纪欧罗巴的园林，共三章，可惜未能保存下来。

到了20世纪80年代，为解决当时教学急需，在征得汪先生同意后，北京林业大学将《园林史》讲义分辑成《中国古代园林史纲要》和《外国园林史纲要》（北京林学院，1981年12月，铅印版）两册书印行，供教师授课、同学参考之用。但《外国园林史纲要》部分仍未能将前述附录的第一、二、三章部分补充进来，实为遗憾。此次出版的《外国园林史纲要》，便是以此版本为蓝本整理而成的。

在整理过程中，我们除了对《外国园林史纲要》的文字进行了校对和校勘外，还结合文字内容配了部分插图，增加了本书的易读性。

本次《外国园林史纲要》正式出版，是在中国风景园林学会的大力支持下，由贾建中副理事长亲自出面组织精锐的技术力量，邀请了王向荣教授等一批精英为本书审校，并在中国建筑工业出版社的全力配合下进行的。

北京林业大学王向荣教授不辞劳苦，通读原稿，反复校核，并为本书作序；赵晶教授对涉及的人名、地名进行了一一校勘；张绍哲博士为日本庭园部分查阅了大量的日文原文资料和古籍，提供了很多有价值的插图，并翻译校勘了大量的日文原件、日语汉字及拼音；王丹丹副教授为本书绘制了大量的插图；上海市园林设计研究总院有限公司教授级高级工程师杜安校勘了书中俄文内容；中国建筑工业出版社编审马红、杜洁克服重重困难，在书稿的完善定稿过程中对相关章节需要的插图设置和插图的位置、部分章节的标题确定和文字表述都提出了很好的建议并被采用……他们以辛勤的劳动为本书的成功出版做出了巨大的贡献。

在此，对所有在本书出版过程中尽过力、给予过帮助的人表示衷心的感谢。

汪原平

2023 年 10 月 18 日